科學破案少女2

犯罪跡證在哪裡？

Science × Detective

陳偉民——著
LONLON——繪

推薦序

科學之於生活，如影隨形

盧俊良／宜蘭縣岳明國中小自然老師
「阿魯米玩科學」粉絲頁版主

一提到偵探、推理，就想到許多名著，這些作品的主角們憑藉著細心的觀察、專業的推敲，鋪陳出一段又一段的轉折，最後總能在看似完美的犯罪案件中找到蛛絲馬跡，發現破案的關鍵。除了那些家喻戶曉的偵探、推理名著外，欣見科教前輩陳偉民老師集結專欄作品，推出「科學破案少女」系列。「科學破案少女」雖以偵探、推理爲故事大綱，但文中沒有神祕的黑衣人、炫麗的爆破、密室殺人事件，以及看似荒誕不經的內容，只有滿滿的即視感，就像是發生在自己身邊的故事，當你讀著索然無味的生物、地科、物理、化學課本，心想著浪費時間讀這做什麼時，「科學破案少女」可以讓你豁然開朗，重拾學習科學的動力。

從小到大，科學知識的學習一直停留在「背多分」，不求甚解。小時候最喜歡的自然課，隨著年紀愈來愈大，科學課漸漸變得像張牙舞爪的怪獸，成了學子們最大的夢魘。閒暇聊天，一談到科學，就換個話題，深怕愈聊愈冷，成了句點王。但是科學的知識就像是魚和水，魚在水中優游，水看似不重要，但魚卻無法離開水而活。雖然我們可以逃避科學知識的學習，但是科學並沒有離我們而去，它隨時隨地、如影隨形，影響著我們生活的每一刻。

老師、家長常常耳提面命，到外面用餐要特別小心，尤其是飲料只要離開視線外，就不要再喝，以免喝入陌生人刻意放入的不明粉末，破財傷身；神祕的金光黨，只要靠近被害人，輕輕吹一口氣，就會讓人失去意識，把存摺裡的錢盜領一空。還有千面人事件、王水殺人事件……每一件不管是真或假新聞，總讓人擔心，深怕自己是下一個受害者，而這些都跟科學有關。

「科學破案少女」系列共有《日常生活有危機！》和《犯罪跡證在哪裡？》兩冊，涉獵極廣。糖尿病和丙酮、肉毒桿菌毒素、米氏線、一氧化碳、鉈、炭疽桿菌、羅眠樂、寧海準、丙烯酸纖維、長葉毛地黃苷、丙泊酚、烏頭鹼，還有近年很夯的3D列印等。在這些專有名詞中，有些看都沒看過，也很少在課本中出現，不是化學專長的人大概連唸都唸不出來。這些陌生的詞彙，對人類而言，有些是藥物，有些是毒物，可以救人，也可以害人，如同霍夫曼在《迴盪化學兩極間》一書中提到「當代文明的許多成就少不了化學的貢獻，但許多災禍也離不開化學。化學就像刀的兩刃，能克敵，亦能行惡」。

透過「科學破案少女」精彩的解謎歷程，連結科學議題，將撲朔迷離的刑事案件，運用豐富的科學知識抽絲剝繭，讓我們正視這些生活上可能碰到的化學物質，內容精彩，值得細看。

觀察是理論所蘊含的，好奇心是驅使探究的動力。近年大學學測自然科題目更加結合時事，學習不再是閉關苦讀，更要能知天下事，運用所學解決生活上的難題。主角明雪和弟弟明安將對化學的愛好，運用在日常生活中，解決了懸疑的奇案，也幫助了周遭的人，他們憑藉的是對科學的熱愛、求知的渴望與靈活思考連結，正是善用知識的最佳典範。偉民老師透過明雪和明安兩姊弟，將搖頭丸、氧氣指示劑等社會新聞中常見事件融入故事中，除了貼近生活外，也讓我們一窺化學領域的神祕面紗，接近眞實的感受，除了是一本讓人想一頁接著一頁讀下去的書外，也是實用的科普書、大學學測參考書，錯過可惜。

作者序

生於斯，長於斯

「科學破案少女」系列是由已停刊的《幼獅少年》中「大家來破案」專欄集結而成。《幼獅少年》創刊於一九七六年，是歷史悠久，多次獲獎的優良刊物，如今不敵大環境之變遷而停刊，令人不勝唏噓。

科學破案少女明雪誕生於臺北縣的《青年世紀》。後來被《中國時報》看中，刊登於該報北部版，成爲有獎徵答的報紙專欄，讀者答題熱絡，每次刊載本專欄那天，報社的傳眞紙都會用罄。結束與報社之合作後，本專欄又受《幼獅少年》之邀，轉移陣地，繼續刊載。

明雪在《幼獅少年》初次登場是二〇〇三年九月（三百二十三期），專欄名稱叫「科學偵探王」（年代太久遠，連我都忘了曾經有這個專欄名稱），篇名叫「大家來辦案」。一開始是每月一篇，後來因爲我工作繁忙，曾暫停一段時間。再度恢復時，專欄名稱改為「大家來破案」。後來有幾期改以圖畫呈現，再度改回文字專欄後，迫於我無法撥出太多時間寫稿，改採隔月刊登，直到停刊。

這一路走來，時間十分漫長，漫長到臺北縣已經改制為新北市，《青年世紀》和《幼獅少年》都停刊了（咦？原來都是我害的！），只有明雪還在讀高中。既然雜誌已經停刊，將來也不會再寫這一系列的作品了，這次集結成冊，算是明雪的最後一舞了。

這個專欄寫了幾十年，一開始很容易，科學原理隨手拈來，就可以編成一段偵探故事。但是寫過的題材不能重複，加上個人才氣不足，就愈來愈難寫，愈寫愈複雜。題材不足時，就向社會新聞取材，反正社會上永遠不缺詐騙、搶劫、綁票等犯罪事件；專業知識不足時，就多讀書。為了寫作這個專欄，我定期閱讀國際鑑識科學期刊，不但作為寫作的題材，對我的教學也很有幫助。

為了避免故事場景侷限於校園，只好經常出外旅行（多麼好的藉口呀！），書中描繪的景物都是筆者日常或旅遊時的見聞。現在重讀這一系列的作品，當時寫作時的社會氛圍，構思時的掙扎，歷歷在目。

科學原理沒有國界，牛頓運動定律在英國、義大利和臺灣同樣適用。物理化學的原理和定律，就算拿到外太空或別的星系同樣適用。否則我們就無法推算出哈雷彗星的週期，也無法得知太陽裡有哪些元素了。但是景物風情則各地不同，撒哈拉沙漠和日月潭就是迥然不同的風景，西藏人的天葬習俗，不可能移植到臺灣來。

這本書裡，故事中的人、事、時、地、物完全是本土的。刑事案件大多是臺灣眞正發生過的刑事案件，包括發生地點，也盡量符合實情，僅加以改編，使其適合情節的推展。時間上則穿插著這二十多年來臺灣陸續發生的大小事，包括臺中辦花博、COVID–19疫情爆發等。明雪和我們同樣生於斯，長於斯！

在這世局紛紛擾擾之際，我在閱讀、寫作和教導科學原理時，心中往往生出一股令人安心的恬靜。因爲科學的態度就是不偏頗，講證據。意見不同時，就用實驗檢驗誰是對的。而且許多科學研究十分細膩，可以爲人揭去表面上那層面紗，看出事情背後的眞相。

譬如在《科學破案少女2犯罪跡證在哪裡？》的案件〈繡球花的指證〉中，農場主人說，繡球花品種完全相同，只是因爲土壤的酸鹼性不同，而呈現不同顏色，所以在栽培繡球花時，可以在不同區塊的泥土裡撒下不同的材質，例如石灰、咖啡渣和果皮等，讓土壤的酸鹼性不同，開出來的花顏色就不同。不過，這只是表面的原因，如果對事情的了解只有這麼淺薄，這個案子就破不了啦！因此藉由明雪的爸爸指出，使繡球花變色的眞正原因是鋁，只不過酸鹼會影響鋁的溶解度，因而影響花青素與鋁的鍵結。所以找到硫酸鋁工廠，就找到肉票被囚禁的地點。在我看來，找出繡球花變色反應機構的科學研究，近乎優美。

書中介紹了不少科學知識，在我寫作過程中，帶給我很多喜悅，希望您在閱讀這兩本書時，也能有相同的感受。

陳偉民 謹識
二〇二三年一月

人物介紹

媽媽

在銀行上班的職業婦女，對辦案沒興趣，只希望全家人平安。

爸爸

本名為陳義志，高中化學老師。明雪在辦案過程中，如果有化學問題，會向爸爸請教。

明雪

高中女生，喜歡科學，是學校化學研習社的社長。經常用科學知識協助警方辦案，希望將來長大後能成為法醫或鑑識專家。

明安

小學生，喜歡打棒球，愛吃鬼。觀察力強，認識各種廠牌的汽車，經常利用敏銳的觀察力提供警方破案線索。

李雄

刑事組長，體格壯碩，和陳義志是同學。重視明雪和明安的意見，經常因此破案。

魏柏

私家偵探，武術高手，有時候與保險公司合作，偵辦詐領保險金案件。

張倩

鑑識專家，配合李雄辦案。經常提供鑑識專業知識供明雪參考，有時也會讓明雪動手做一些簡單的檢驗工作。

目錄

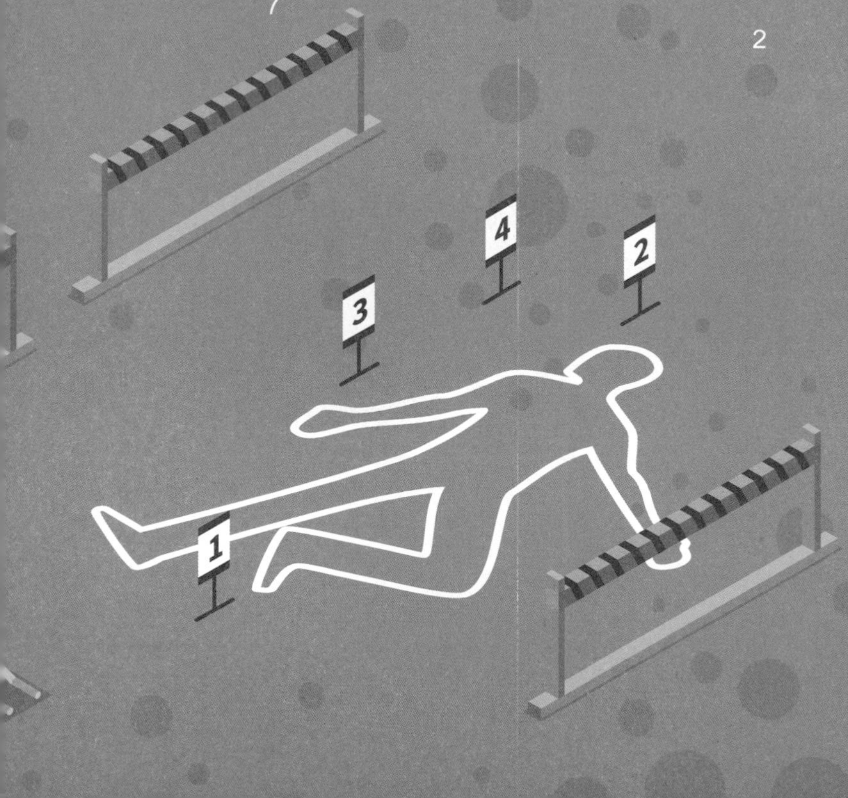

案件1

屍體上的蛆

爸爸的老同事秦老師退休後，就回嘉義老家定居，這幾天專程北上探訪老友，爸爸很高興，約他當天一起到一家位於桃園市蘆竹區農場的附設餐廳吃中飯。

當天上午約十一點，爸爸開著車，載著全家人到板橋高鐵站接了秦老師，一起前往桃園蘆竹區。

預定的餐廳就設在農場中的小木屋，大夥坐定之後，餐廳的服務生先為每個人倒一杯茶，然後拿著一塊寫著菜單的黑板到桌前為大家解說。

明雪和媽媽對看了一眼說：「用黑板代替紙張印製的菜單，滿特別的。」

黑板上寫了五種主菜：本餐廳提供的餐點都是個人簡餐，我們特別推薦宮保雞丁……今天的魚只有鯖魚……，附贈的飲料有茶和咖啡，我們特別推薦咖啡，因為都是用本農場自己種植的咖啡研磨而成。

服務生介紹完之後，就請每個人點餐，明安點了鯖魚，秦老師點了宮保雞丁，爸爸點了雞腿……眾人點好之後，在等候餐點時，便閒聊起來。

爸爸向家人介紹秦老師的本事：「秦老師退休前是學校的王牌生物老師喔，他對生物非常有研究，我印象最深刻的就是他光憑青蛙的鳴叫聲，就可以判斷那是哪一種青蛙。」

秦老師笑笑說：「這種本事也不值錢，倒是現在退休後回到鄉下，種一些水果打發時間，憑著生物學的知識，種得還不錯，本來這次要帶一些芒果來給你們品嚐的，但是實在太重，所以決定用郵寄的，大概過一兩天會到。」

聽到有水果可以吃，明安很開心：「謝謝秦伯伯。」

沒多久開始上菜了，先是一小盤水果，西瓜和哈密瓜各一片。接著是竹筍湯，很清淡。

再來就是主菜了，明安看見盤子裡有青菜、白飯還有半條鯖魚，鯖魚還滿大片的，他很高興的大口咬下去，卻失聲喊出：「哎喲，好鹹。」

媽媽用筷子到明安盤子裡夾了一小塊鯖魚，放進自己的嘴裡嚐嚐。她笑了笑：「還好啦！鹽漬的鯖魚本來就比較鹹，這樣還算好，有些更鹹。」

「鯖魚一定要鹽漬嗎？」明安不解的問。

「因為鯖魚容易腐壞，又有腥味，所以臺灣人和日本人大多食用鹽漬鯖魚。就算不用食鹽醃漬，也會用香料或醋醃漬。像你們很愛吃的魚罐頭，就是用番茄汁醃漬的鯖魚。」媽媽不愧是烹飪高手，談起食材，頭頭是道。

明安追根究柢的問：「為什麼容易腐壞的食物，就要醃漬？」

「這個我知道！」明雪搶著回答：「食物會腐壞，是細菌造成的。如果在食物上撒上許多食鹽，一旦細菌落在食物上，細菌細胞內的水就會被吸出來，跑到食鹽上，細菌因為脫水就無法生存了。所以鹽漬的食物也就可以長期保存，不只是食鹽有這個功能喲，糖也可以，所以蜜餞不必放冰箱也不會壞。」

用餐時間就在眾人的談天中，愉快的流逝。

飯後大夥在荷花池邊走走，拍幾張合照作為留念。因為秦老師晚餐時和另一批老同學有約，爸爸看時間還早，提議到附近景點走走：「這裡離大園區的竹圍漁港很近，我們去走走，我再送你去晚上聚會的餐廳。」

秦老師欣然同意：「好呀，我只知道大園區有機場，不知道還有漁港，去看看也好。」

漁港就在機場旁邊不遠處，今天遊客不多，整個停車場只有兩三輛車，爸爸輕鬆的停好車，大夥便沿著港邊散步，一邊欣賞海景，一邊聊天。

這時有一艘漁船入港，在岸邊引起騷動，有許多尚未出海的漁民都跑過去圍觀。明安好奇的問一位圍觀的民眾，到底發生了什麼事。

那人回頭說：「這艘船下網撈魚時，撈到一具屍體，他們立刻以無線電通報，現在正在等候警方前來處理。」

明雪和明安兩位小偵探一聽到有命案，立刻奮力鑽到最前面觀看。由於警察還沒有到，現場並沒有拉起封鎖線，所以圍觀的民眾中，有的膽子比較大的，湊到很近的地方看，膽子小的則用手帕掩住口鼻，站在遠處看熱鬧。

有些人七嘴八舌的討論著：「哎呀，你看，初步看起來並沒有外傷，應該是意外落水溺斃的啦！」

明雪和明安兩人不說話，從頭到尾，仔細觀察。突然明安發現死者穿著的黑長褲皺褶間有白白的東西，他指給姊姊看。

明雪悄聲的說：「我也注意到了，看起來像蛆，你看，不只是褲子上有，連身體上也有。」

「蛆？那是蠅類的幼蟲嗎？會是哪一種蠅呢？」明安突然想到身邊就有一位生物老師可以問，姊弟兩人便鑽出人群去找秦老師。

只見秦老師和爸爸躲遠遠的，而爸爸正在向他解釋，他們家的小孩為什麼完全不怕命案，還往裡面鑽：「我這兩個小孩對偵探工作特別感興趣……」

明安上前拉住秦老師的手：「伯伯，死者身上有一些小蟲，很像蛆，請你來看一下。」

媽媽急忙阻止：「明安，正常人不會喜歡看到那種景象的，不要勉強秦伯伯。」

秦老師說：「我的確不喜歡看到這種景象，不過你既然提到死者身上有蛆，

我就去看一下，說不定會對破案有幫助。」

明雪點點頭說：「對，對！電視影集《CSI犯罪現場》的第一任主管吉爾．葛瑞森（Gil Grissom）就是昆蟲專家喲！他常常靠著現場發現的昆蟲破案。」

於是秦老師屏住呼吸，向前仔細觀察黑色長褲上那些蛆。船上的漁夫怕他碰到死者，高聲提醒他：「警察有交代，不能讓人碰觸喔！」

「不會，我用看的就可以……」他仔細看了約十秒之後，就退到遠處向明雪和明安解釋他所觀察到的結果：「是蛆沒錯，而且是青蠅的幼蟲，青蠅又稱為大蒼蠅。大蒼蠅最喜歡有臭味的食物，因為有臭味，通常代表有正在分解的蛋白質，適合牠的幼蟲生長，所以母的大蒼蠅會在發臭的食物上面產卵……」

這時警車已經趕到，把漁船附近劃為封鎖區，圍觀群眾也逐漸散去。

明安沉思了一會兒，提出他的質疑：「這樣很怪啊！剛才媽媽說鯖魚容易腐壞，所以常用食鹽醃漬，姊姊還說食鹽會讓細菌的細胞脫水，所以可以殺菌。那麼，海水也是鹹的，蛆在海中根本不可能活啊，死者身上怎麼會有蛆呢？」

眾人突然陷入一片沉默，因為明安的質疑實在很有道理。

過了一會兒，明雪請秦老師解釋一下大蒼蠅的生活史：「大蒼蠅產下的卵要孵化成蛆所需時間的長短，和當時的溫度有關，但大約要花八小時到一天的時間。蛆的主要任務就是吃，吃很多食物才能儲存足夠的能量，牠最喜歡的食物就是垃圾、動物屍體和排泄物，這個階段大約要六至十一天。到了蛆的最後階段，牠就不再吃東西，而是找一個乾燥又陰暗的地方，準備變成蛹。」

明安聽完就下了一個結論：「這樣死者就不可能是溺斃，因為大蒼蠅的卵在海水中一定會很快就死亡，而不可能孵化。這個人應該是在陸地上的某處死亡，而且放置多日之後，身上都長蛆了，才被人棄屍在海中。」

明雪又問：「秦老師，照你看，從大蒼蠅產卵到變成這個階段的蛆，大約要花多久的時間？」

秦老師苦笑道：「不瞞你們說，當年我為了研究，還真的故意讓大蒼蠅在豬肉上產卵，然後觀察牠的生命史。依我的判斷，從產卵到發育成這個階段的蛆，大約要七到十天。」

姊弟倆討論了一會兒，判定這不是意外溺斃，而是謀殺案。

「但是這裡的警察又不認識我們，他們會聽我們的意見嗎？」

爸爸提醒他們：「你們可以把你們的判斷理由用手機告訴李雄叔叔，再由他告訴大園這邊的警方，一樣對破案有幫助。」

明安迫不及待立刻就用手機向刑警李雄報告了這個案件，以及他們觀察到的重要證據及推理，最後還不斷叮嚀：「請一定要提醒這裡的警察，要注意死者身上和長褲上都有蛆，這是破案的重要關鍵。」

這時候，爸爸催促所有的人上車：「現在我們走吧，該送秦伯伯到臺北的餐廳了。」

爸爸在車上向秦老師道歉：「不好意思，剛才兩個小孩不懂事，還硬拉著您去看那令人不愉快的景象。」

秦老師笑著說：「不會，幫忙鑑定昆蟲的幼蟲，本來就是我的興趣，如果能因而破案，也是好事一樁，不是嗎？」

臨下車前，秦老師還說：「小朋友，下次如果在辦案的時候，有什麼生物知識不懂的，盡量打電話來問我，我很樂意幫忙喲！不然，整天窩在鄉下，也很無聊的。再見囉！」

第二天，秦老師寄的整箱芒果就送到了，聞起來香味撲鼻，吃起來甜美多汁，由於數量太多，一時之間實在吃不完，媽媽只好把剩餘的芒果切成細片，然後放入冰凍庫裡，當成冰棒吃。

第三天，媒體報導了竹圍漁港疑似溺斃的命案，警方宣布破案並逮捕凶手。死者原為黑道小弟，因觸怒黑道大哥而被悶死，凶手犯案之後，一時驚慌失措，屍體放置了八天後，才趁黑夜載至海邊丟棄。

「嗯，八天，確實落在七到十天之間，完全被秦伯伯猜中。」明安敬佩不已。

爸爸說：「你就打電話去，向秦伯伯報告這件事，順便謝謝他贈送那麼多美味的芒果。」

明安笑著說：「對，對，如果明年芒果又大豐收的話，別忘了再寄一箱給我們。」

科學破案知識庫

大蒼蠅的卵通常是黃色或白色，大小約為 1.5 公釐 x 0.4 公釐，牠的卵會疊成一堆，看起來像飯團。母的大蒼蠅，每次大約產下一百五十至兩百顆卵，可以多次生殖，一生中大約可以產下兩千顆卵。

由卵孵化成幼蟲（俗稱為蛆），大約要花八小時到一天的時間。幼蟲的發育分為三個階段，每個階段之間都有一次蛻變。只要檢視幼蟲的氣孔就可以判斷發育到哪個階段。到了幼蟲的第三階段完成後，牠會離開腐肉，鑽入地底，化為蛹，再經過七至十四天，蛹就會化為成蟲，也就是我們看到的大蒼蠅。牠們的成長與發育速率取決於溫度及種類。在大約 20℃的常溫時，黑色的大蒼蠅由卵到蛹大約要六至十一天。

在刑事科學中，對死亡時間較久的屍體而言，出現在屍體上的昆蟲是推斷死亡時間的關鍵線索。其中因為蠅類特別喜歡有臭味的食物，所以牠們發現屍體的速率很快。而且只要能掌握當時的環境與條件（如溫度、溼度等），就可以推斷牠由卵到蛆，再發育成蛹及成蟲，每一階段所需時間，由蠅類在屍體上發育到哪個階段，就可以倒推並計算出死亡時間。

案件2

「鈔」級證據

今天的社團活動，要做蛋白質的檢驗。

老師事先交代社長明雪要帶一顆生雞蛋。實驗一開始，明雪先把蛋殼打破，把透明的蛋白倒入燒杯裡，加入大量的水，再用玻棒攪拌均勻，混合成待測的溶液，這樣的分量就足夠全社團的人進行實驗了。

老師在講桌上提供了一杯透明無色的藥品，上面貼了「寧海準」的標籤。

明雪好奇的問：「什麼是寧海準啊？」

老師在黑板上畫了一個分子結構圖：「它的分子結構是這樣，有人稱它為三酮，因為它的結構可以想像成水合的茚烷－1，2，3三酮……」明雪愈聽愈不懂。

老師揮揮手：「……別管了，反正大部分的人還是叫它寧海準。它會和氨或一級胺、二級胺反應，生成紫色物質。由於蛋白質是由胺基酸組成的，所以我們今天要利用它來檢驗蛋白質。」

同學們依照老師的指示，取待測液一至二毫升，加入試管中，然後加入五至十滴寧海準，用玻棒混合均勻，然後把試管放入半杯熱水中。把燒杯裡的水煮到沸騰後，繼續加熱三至四分鐘，就可以看到試管裡的物質變成紫色。

「實驗成功！」同學們都高興的歡呼。

收拾完器材之後，老師補充說明實驗中所涉及的原理。老師在黑板上寫了許多反應方程式，同學們聽得昏昏沉沉。似乎每次都這樣，大家對動手做實驗很感興趣，但是一談到方程式，就興趣缺缺。

老師繼續說：「……寧海準最常見的用途是檢驗指紋……」

本來昏昏欲睡的明雪一聽到與偵探工作有關的話題，立刻精神一振：「老師，為什麼檢驗蛋白質的寧海準也可以檢驗指紋？」

「因為指紋中會有我們分泌的蛋白質和胜肽，其中胺基酸末端的胺基就會與寧海準反應，產生紫色。」

明雪認真的把這段話寫在筆記本上，因為她知道，早晚總有一天會在刑案現場用到這個實驗。

放學後回到家，媽媽已經煮好晚餐等全家人共享，今天的主菜是媽媽煎的牛排，一家人高高興興一起享受美食，並談天說地，討論著週六要去大賣場補貨的事情。

星期六早上爸爸一大早就開車，載全家人前往大賣場。車子開到賣場的停車場外時，卻發現有警察攔在入口處，不讓車子進去。

「裡面發生刑案，警方鑑識人員正在蒐證，今天不營業了，請把車子開走。」

媽媽對爸爸說：「那只好到附近的另一家賣場去了。」

明雪和明安兩姊弟對看一眼後，告訴父母：「警方鑑識人員正在蒐證，張倩阿姨應該在這裡，我們想進去幫忙。」

姊弟倆打開車門下車，媽媽交代兩人午餐自理後，爸爸就把車子開走了。

明雪在一張紙條上寫上自己的名字，拿給現場的警察說：「請問鑑識科的張警官在裡面嗎？如果在，請幫我們通報一聲。」

不久之後，張倩就從裡面走了出來，她向入口處的警員示意讓姊弟倆進入停車場。

明雪對張倩說：「阿姨，請告訴我案情，我們想幫忙。」

張倩說：「大賣場有一名女性員工，名叫張雅容，是賣場的會計人員，本來今天輪到她提早來開鐵門，換句話說，她應該要第一個抵達賣場才對。但是許多員工在營業前半小時來到賣場做準備時，發現鐵門尚未開啟，但是她的車子卻在停車場裡，且車窗搖下，人不在車內。經理以電話聯絡她的家人，卻說她比賣場開門時間早一個多小時就出發了。因此現在推測在她開車抵達停車場之後，可能受到攻擊，並因此失蹤，所以我們正在停車場裡蒐證。」

明安問：「有什麼進展嗎？」

張倩搖搖頭說：「沒有，現在李組長正在調閱停車場的監視器。」

「那我們先到那裡看看好了。」明雪和明安問清楚李雄的位置後，就到警衛室找他。

李雄正坐在警衛室的電視螢幕前，觀看重播的錄影畫面。

明雪先和他打個招呼：「李叔叔，有什麼發現嗎？」

李雄看電視畫面看到眼睛都痠了，痛苦不堪的抬起頭來說：「賣場的警衛是隨賣場營業時間上班的，換句話說，案發當時，並沒有警衛在，只有監視器仍然在錄影，所以我們看得到案發的經過，現在確定是被人綁走的，而且作案的人只有一人，但是除此之外，我們知道的不多。」

明雪有點困惑，如果案發經過都錄了下來，怎麼會沒有頭緒呢？她便請李雄再重播一次。

畫面顯示八點半時，有一名男子戴著絨毛帽和口罩走進停車場，由於他的臉全都被帽子和口罩遮住，所以看不清他的面貌。這個人隨即閃入柱子後的陰暗處，不見人影。九點時，張雅容的車子獨自進入停車場，在她車子停妥之後，那名埋伏的男子由柱子後面走出來，走到她的車子左側，用手敲擊她的車窗，似乎在問話。只見張雅容捲下車窗，回答他的問話時，男子隨即伸手進去抓住她，張雅容奮力抵抗無效，被男子拉出車外。男子用右手勒住她的脖子，把她帶走。臨走之前，還用左手衣袖把左側車窗擦拭一番。

明雪看到這裡，不禁嘆了一口氣：「唉！歹徒把留在車窗上的指紋擦掉了，難怪鑑識人員採集不到有用的證據。」

接下來的錄影畫面顯示，歹徒架著張雅容的脖子離開停車場，消失在畫面之外。

李雄說：「由於附近仍是一片空地，所以路邊沒有架設監視器，我們無法判斷歹徒的逃跑路線。不過依常理推斷，架著一個人的脖子在路上走，一定會引起其他人注意。可是我們在附近訪查，沒有人看到他們。所以我推測，歹徒應該在附近藏了一輛汽車，把受害者架離停車場後，立即帶上車子開走，說不定有另一名同夥接應。」

明安低聲的對姊姊說：「如果有另一名同夥，那應該會進停車場協助制伏受害者才對。」

李雄憂心忡忡的說：「看歹徒抓人的手法，非常熟練，說不定是個慣犯，如果不趕快把受害者拯救出來，恐怕凶多吉少。」

這一點明雪絕對同意，想到被害人的安危，簡直令她坐立難安。

這時明安要求李雄再重播一次錄影畫面，李雄同樣的畫面已經看到煩了，他就交代賣場警衛代為操作。他本人則離開，去找經理問話了。

「姊，你再來看一次。」明安耐著性子反覆觀看數次之後，似乎有了發現。

他請警衛一格一格播放歹徒與張雅容拉扯的過程：「你看，歹徒要抓被害人時，她曾經拿了一疊鈔票要給歹徒，似乎央求歹徒收錢之後放了她。歹徒用手把那些鈔票撥開，顯然目的是要抓人，不是要錢！」

這次明雪也注意到了：「太好了，說不定歹徒會在鈔票上留下指紋喔，我們可以請張倩阿姨重新檢驗車子裡，看看有沒有留下鈔票。」

明安想了一想，覺得還是試吃品的吸引力比較大：「我不要看你們做那些化學實驗了，我要到另一家賣場去找爸媽，說不定還趕得上吃午餐。」說完便先行離去。

明雪找到了張倩，把明安的發現告訴她。張倩也很振奮，她重新打開車門察看，副駕駛的座位底下果然有幾張鈔票。

「錄影畫面裡，歹徒撥開的鈔票，應該就是這幾張。」

張倩戴著手套將這些鈔票拾起：「救人要緊，事不宜遲，我們就借大賣場的辦公室檢驗吧！明雪，你也來幫忙。」

明雪求之不得，立刻跟在後面。

張倩帶著證物和工具箱進入辦公室，要求騰出一個空桌子作為工作臺，並且要求賣場提供以下物品：舊報紙數張、紙巾數張及蒸氣熨斗一部。由於經理交代過要全力支援警方，所以東西很快就送來了。

明雪在張倩指揮下，先把舊報紙鋪在工作臺上。張倩在一旁解釋道：「這是為了保護桌面不會被寧海準汙染。」

「寧海準？我做過寧海準試驗。」由於前幾天才做過同一實驗，她記憶猶新，感到很興奮。

「很好，把你留下來幫忙是對的。像紙張這類有孔隙的材質，要讓上面的指紋顯現，最適合用寧海準。」張倩一邊說，一邊從她的工具箱中拿出一個噴瓶，裡面有一些無色液體。

接下來，明雪把每一張鈔票並排擺在桌面上：「這疊鈔票中有千元的，也有百元的，我們就從百元鈔的國父像這一面和千元鈔的小朋友這一面開始吧！」

張倩用噴瓶把裡面的液體噴灑到鈔票上，嘴裡一邊解釋道：「不必噴太多，但是要確保每一處都噴到，才不會漏掉。」

噴完之後，張倩說：「現在要等候三到四分鐘。」

明雪心想，和實驗室的做法差不多，不過她有個疑問：「接下來，要進行水浴法，那要把鈔票整個浸入水中嗎？」

「水浴法？」張倩似乎沒有聽懂明雪的問題。

於是明雪便把她們在實驗室裡操作的情形說明了一遍：「那天我們把試管泡在沸水裡加熱，反應才會發生。但是鈔票如果泡在沸水裡，不就糊掉了？」

張倩不禁啞然失笑：「鈔票其實不會糊掉，不過我們當然不會這樣對待重要證物。別擔心，照我教你的方法去做就對了。」

她要求明雪在鈔票的下方鋪上兩張紙巾，上方也鋪上兩張紙巾。然後把蒸氣熨斗開到最低熱度，壓在上層紙巾的頂端加熱。每隔一段時間，就掀開紙巾看一

下。過了不久，明雪發現鈔票上開始浮現一些紫色的指紋，急忙通知張倩。張倩用她的數位相機把每一枚指紋都拍攝下來，然後輸入到電腦裡，在資料庫裡搜尋比對。

幾分鐘後，她搖搖頭說：「這些都是張雅容的指紋，和我剛才在她辦公桌上採到的一模一樣，不是歹徒的指紋。」

明雪不氣餒的說：「沒關係，還有好幾張呢！做完人頭這一面，再做另一面，我相信一定可以找到歹徒的指紋。」

就這樣，明雪和張倩分工合作，把每一張鈔票能找到的指紋都讓它顯現出來，然後拍照比對。

終於在半小時之後，張倩驚呼一聲：「找到了！」

電腦畫面上出現一幀皮膚黝黑的男子照片，他的眼睛似乎有點外斜視，而且目露凶光。張倩唸著這個人的資料：「劉偉廷，男，二十八歲，有多項犯罪前科。

天啊！他九天前才剛出獄，就立刻又犯下這麼大的案子。嗯！資料上有他的住址，位在山區，說不定被害人就是被他擄到那裡去。」

張倩立刻把嫌犯的資料傳給李雄，要李雄趕往山區救人。

明雪見自己能幫得上忙的任務都已完成，便要告辭離開。由於採證完畢，賣場停車場封鎖解除，恢復正常營業，張倩邀明雪在賣場裡用餐。

明雪欣然同意，兩人就在賣場吃了簡單的一餐。這時李雄打電話來報告好消息了，他果然在張倩提供的住址中救出了張雅容，同時也逮捕了劉偉廷。

張倩和明雪高興的以裝可樂的紙杯互擊，慶祝救援行動成功。

明雪一口氣喝光整杯可樂，興奮的說：「我要趕快通知弟弟，由於他的細心，才發現歹徒的手可能碰觸到鈔票，成為破案的關鍵。」

科學破案知識庫

寧海準是 ninhydrin 的音譯，可用於檢驗氨及一級、二級胺的藥劑。所謂氨，是 NH_3 分子，一個氮原子上接了三個氫原子。如果其中一個氫被碳取代，就叫一級胺；如果其中兩個氫被碳取代，就叫二級胺。蛋白質是由胺基酸組成的，所以上面有很多胺基，寧海準與胺基酸反應，會產生紫色物質。手掌排出的汗液中也含有胺基酸，利用這一點，就可以使潛在的指紋顯現出來。寧海準最適合用來檢驗紙張、支票及鈔票上的指紋。

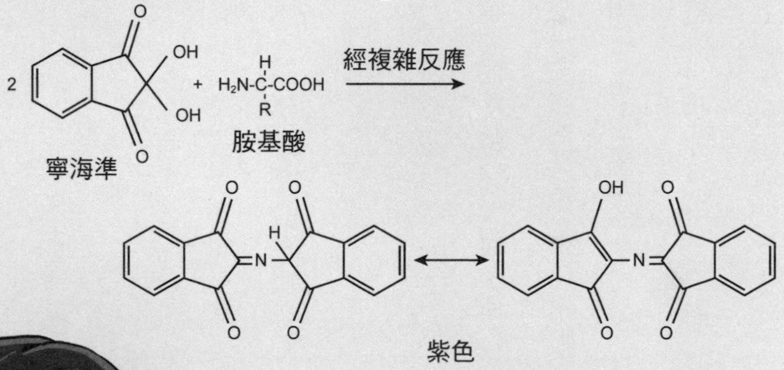

案件3

數據模型偵查線

今天是星期天，明安早上起床，一邊悠閒的吃早餐，一邊翻報紙，突然發出「哇」的一聲驚嘆。

明雪好奇的問：「怎麼啦？」

明安把報紙推向姊姊：「你看，這隻魚好大喔！」

報上刊登了一張照片，顯示一尾藍色怪魚躺在木板上，魚的旁邊有一隻拖鞋，新聞標題是「綠島瀕危龍王鯛，驚傳遭獵殺」。

原來這種魚叫龍王鯛，正式名稱叫曲紋脣魚，是瀕臨絕種的保育類動物，綠島的某位民宿主人把魚的照片PO上網，引起喧然大波。

爸爸聽到他們的談話，當場用手機上網查資料：「原來整個綠島只有七尾龍王鯛，實在太珍貴了！」

明雪愣了一下：「這下子豈不是只剩六尾了嗎？」

「是啊！這個業者太過分了。難怪許多網友紛紛撻伐，現在警方也已展開調查。」明安繼續轉述報上的內容：「但是業者辯稱那是六、七年前拍的舊照片。不過網友指出照片裡的拖鞋是二〇一五年的款式，所以不可能是六、七年前拍的舊照片……」

明安突然停止讀報，提出了一個問題：「咦？為什麼他拍魚的照片要放一隻拖鞋在旁邊？」

爸爸笑了笑說：「你去把書架上那本《地質學》拿過來。」

明明在談魚，明安不懂爸爸為什麼突然要查地質學的書，不過他仍然很快把那本書取來交給爸爸。

爸爸說：「你翻開前幾頁的彩色照片看看。」

明安翻開書，第一幅圖是一堆岩屑，旁邊擺了一把十字鎬；第二幅是一個土壤剖面，旁邊擺了一枝原子筆；第三幅是一堆黏土，旁邊擺了一串鑰匙。

明安知道爸爸為什麼要他拿這本書了：「這些照片雖然主題各不相同，但是和龍王鯛那張照片一樣，旁邊都放了一個不相干的小東西。為什麼呢？」

明雪上過地球科學課，所以她知道答案：「如果照片裡只有那尾魚，你怎麼會知道魚有多大，有了拖鞋當比較，你就知道魚有多大了，所以你看到照片時，才會發出驚嘆的聲音。」

明安再度端詳報上那張照片，並且用手指在照片上比一比：「真的吔！魚的長度比拖鞋還長了三倍多，好大的魚喔！」

爸爸點點頭說：「好啦，你把書放回架上，我要出去超市買紅酒和啤酒。」

「我跟你去。」明安心想，生鮮超市裡有很多水果和零食，可以順便挑一些，請爸爸買回來。

爸爸當然知道明安的如意算盤，不過他還是很爽快的答應了：「好呀，我們一起去。」

由於是假日早晨，所以超市裡並沒有其他人，值班的店員是一名頭髮染成金色的年輕人，一臉惺忪，可能從昨晚就值班到現在，還沒機會睡覺。

愛喝酒的爸爸挑了一瓶智利紅酒，接著又走到啤酒區，取了半打啤酒。明安也選了一串香蕉和一包餅乾，一起放進推車裡。

正當他們要走向櫃臺結帳時，忽然有個戴口罩和黃色棒球帽的男子快步由外面走進來，這人身上穿著有白色條紋的藍色運動外套和長褲，背著黑色的大背包，手上戴著手套，一走進門就從外套裡抽出一把水果刀，向櫃臺內的店員喊道：「不許動！」

爸爸和明安都愣住了，一時之間不知道該怎麼辦。歹徒轉身對他們兩人說：「你們不要靠過來。」然後就衝進櫃臺，打開收銀機，抓起一把鈔票，塞進口袋裡。臨走前，歹徒還回頭對著店員揮舞手中的刀，喝令他不准追出來，然後就轉身跑出超市外。

這時候明安才如夢初醒，急忙用手機報警。爸爸則追到門口，只見歹徒已經騎機車揚長而去，連車牌號碼也看不清楚。路邊只有一名身穿咖啡色上衣，腳踩拖鞋的男子正慢吞吞的走過。

幾分鐘之後，刑事組長李雄帶著幾名警員趕到，鑑識專家張倩也到了，但是歹徒戴了手套，採集不到指紋。

唯一的證據就是店裡的監視錄影帶，李雄把整段搶劫過程反覆看了好幾次之

OFF 15%
歡迎光臨……
叮咚~♪
不許動！

後，嘆了一口氣：「雖然店裡總共有四個監視鏡頭，從各個角度錄下了案發的經過，但是歹徒戴了口罩和棒球帽。加上四個鏡頭拍到的畫面，同時擠在螢幕上，呈現分割畫面。對業者來說，這樣監看全店或許很方便，但是每個鏡頭拍到的只占了螢幕的四分之一，解析度不夠，根本無法辨識他的臉部。」

張倩看過之後，表示同意：「的確無法作臉部辨識，不過畢竟這是刑案證據，我還是複製一份帶回去好了。」

接下來，警員就為店員和明安父子總共三位目擊證人錄製證詞。不過，他們所能描述的內容，並不比錄影機拍到的多。

一個星期後，又到了星期天，明安一大早就打電話問李雄叔叔超市搶案的偵辨有沒有進展，李雄說：「唉，整個案子唯一的證據，只有粗糙的監視錄影帶，連歹徒的臉部都無法辨識，所以案情陷入膠著，毫無進展。」

明安不死心，又到超市去問那位金髮店員，看他有沒有想到什麼線索，他卻以不在乎的口氣說：「反正當天收銀機裡也沒多少錢，而且也沒有人受傷，公司自認倒楣，不再追究這件事了。」

明安回到家中，對著姊姊說起這件事：「我們經手過的案子沒有破不了的，但是這件案子是我親眼目睹的，反而破不了，真洩氣！」

明雪說：「本來就有一些案子是破不了的。再說，這件案子也未必全無希望，你再把案發經過描述一次，我看看有沒有可以追查的線索。」

於是明安就把整個案發經過，包括歹徒的衣著等線索，再詳細的描述一次。雖然在案發當天，爸爸和明安回到家中時，就已經向家人說過一次，但是這次明雪更專心的注意細節的部分。

聽完後，她說：「如果無法由錄影帶中辨識面孔，那麼我們就由衣著方面著手吧！歹徒那頂黃色的棒球帽很特別，今天聽你一說，我好像在網路上的影片看過這樣的穿著。我找找看！」

說完，她打開筆記型電腦，連上臉書，尋找最近幾天她的朋友PO的影片：「有了，你看這一段，這是我同學在路上看到的行車糾紛，他用手機錄下，然後貼在網路上。」

明安用滑鼠點進去看。影片內容是兩名騎士，分別各騎一輛機車，因不滿被汽車超車，怒氣沖沖的拍打對方的車窗，並在破口大罵之後，蛇行離開，行徑十分囂張。兩名騎士均未戴安全帽，其中一人戴著黃色棒球帽，身穿有白色條紋的藍色運動外套與長褲，背上背著黑色的背包；另一人未戴帽，身穿咖啡色上衣，穿著拖鞋。

「其中一個和我看到的搶匪，衣著完全相同，身材也很像，日期也正好是上個星期天，這下子連車牌都拍得一清二楚，歹徒應該跑不掉了。」明安興奮的說。

他打電話給李雄，並把影片的檔案複製下來之後，寄了一份給警方。本以為不久之後可以宣布破案了，誰知道一個小時後，李雄打電話對他說：「嫌犯的名字查出來了，叫許正宇。另一名穿咖啡色上衣的騎士叫劉品群。檢察官只交代針對他們交通違規部分，交由警方處理。但是對於超市搶案部分，則認為罪證不足，不願意發出逮捕令或搜索令。因為檢察官認為那種服裝任何人都買得到，不能以此作為許正宇涉入搶案的證據。」

明安非常失望，掛斷電話之後，嘆了口氣說：「難道這個案子真的破不了嗎？就這樣眼睜睜看著歹徒逍遙法外嗎？我不甘心。」

他想了很久之後，認為如果殺了龍王鯛的民宿主人因為一張照片而罪證確鑿，為什麼錄下搶案過程的錄影帶卻定不了歹徒的罪？

於是他打電話給張倩：「阿姨，請你把搶案錄影檔用電子郵件寄給我好嗎？

我想再仔細研究一下。」

把影片重看一遍後，明安臉上露出微笑，立刻忙碌起來，一下子說要去超市，回來沒多久，又說要去文具店，接下來一整個下午，都把自己關在房裡。明雪忙著準備第二天的考試，也沒空理他。

黃昏時刻，明安終於打開房間走了出來：「姊，你看看我從影片裡找到多少資訊。」

明雪放下書本，隨他走進他的房裡，只見書桌上放著幾張白紙，上面寫了密密麻麻的計算式，還有一個黏土做成的小人，她困惑的問：「這是怎麼回事？」

明安胸有成竹的說：「既然唯一可以作為證據的錄影帶無法辨識臉部，我靈機一動，聯想到龍王鯛與拖鞋那張照片，那麼我就從不同物體的大小比較著手。」

他用電腦播放錄影檔，然後按暫停鍵：「你看，這個畫面可以看到歹徒走進櫃臺裡搜刮金錢，畫面中可以看到他的上半身靠在放香菸的櫥櫃上，所以我回到超市去測量櫥櫃的尺寸，就算出歹徒的肩膀寬度了。」

明安讓影片恢復播放幾分鐘之後，再把畫面暫停：「這個畫面可以看到歹徒的腿，於是我就用同樣方法算出他的大腿與小腿的長度比例。」

就這樣，明安利用不同畫面，竟然算出了歹徒的軀幹和頭部的尺寸。

「不但如此，因為超市的監看畫面是四個鏡頭由不同角度同步拍攝，所以我可以同時由四個角度觀看同一物體，如果數學夠好的人，可以算出立體構造，我不懂那麼多數學，就用黏土做立體模型，這個小人就是歹徒的3D立體模型，全身各部分的比例都和歹徒一模一樣。」

即使平常喜歡嘲弄弟弟的明雪，也不得不佩服的發出「哇！」的驚嘆。

明安笑著說：「不但如此，連行車糾紛那一段影片我也拿出來算，裡面戴黃色棒球帽的那個人，他的身體數據完全和超市搶犯符合。」

明雪說：「我相信有這麼多數據之後，對辨識嫌犯應該有很大的幫助。我們把你算出來的數據和這個立體模型送去給李雄叔叔參考吧！」

他們要出門時，爸爸正好返家，聽完他們的描述後，爸爸說：「哎呀，我想起來了。搶案那天，我追到超市門口，目送歹徒騎車逃逸時，路邊正好有一個穿咖啡色上衣，踩趿拖鞋的人走過，和行車糾紛影片中，第二名騎士的服裝符合。莫非在搶案中，他是負責把風的？我在筆錄裡有提到這一點，你們請李雄叔叔順便追查這個人。」

明雪高興的說：「這下又多一項證據，檢察官應該會接受了。」

明安又補充說明：「其實我愈算愈過癮，連行車糾紛那一段，我也算出他們蛇行時的速度，早就超速了，可以再加一條罪名。」

爸爸笑著說：「和搶案比起來，交通違規根本不重要，你們快把這些證據送去給警方吧！」

當天晚上，他們一家人在看電視新聞時，李雄打電話來了：「檢察官看到明安詳細的數據和模型，立刻就簽發了逮捕令。我們把許正宇和劉品群抓過來，經過測量，許正宇的各項身體數據和明安所提供的，誤差在2%以內，明安，你簡直比《數字搜查線》那部影集裡的數學天才還厲害呢！兩名嫌犯見到這樣明確的證據，也都俯首認罪了。」

全家人都對明安比出大拇指，稱讚他的優異表現。

科學破案知識庫

不要以為每個人都有頭、軀幹和四肢，身體的比例就相同哦！

不同種族的人，身體的比例不同。例如生活在寒帶的人，通常比較粗胖，這樣才可以減少熱量損失；生活在熱帶的人，通常比較細瘦，這樣才可以快速散熱。

不同性別的人，身體的比例不同。例如在比例上，女人的腿比較長，而男人的手臂比較長。

即使同一個人，在成長的不同階段，身體的比例也不同。例如嬰兒和成人的比例不同。而且人超過三十歲之後，身體停止發育，但脊椎受到壓迫，會造成身高縮減，所以平均每十年大約會縮減一公分。

案件4

是黃金還是愚人金？

星期五晚上，明雪一家人吃完晚飯，正在看電視新聞，發現螢幕下方跑馬燈有一行字：「阿里山營收掉五成，人潮不復見」。

這時，明安立即表示可以趁現在前往阿里山：「既然阿里山遊客變少，我們就應該趁這個時候去玩啊！」

媽媽也說：「好喔！我上次到阿里山是大學時的畢業旅行，算算已經二十幾年了呢！」

爸爸想一想之後說：「也好，如果訂得到旅館，明天就去。」

結果爸爸上網去訂旅館，很順利訂到了。

第二天早上，他們就開車南下，往嘉義出發。當天下午，他們就抵達阿里山遊樂區大門。

到達旅館後，由於網路上已經付過費用，所以只要報上姓名，老闆娘就立刻為他們辦理住宿，並且問：「你們明天早上有要去看日出嗎？」大家表示當然要囉！

老闆娘又說：「那要在四點之前就去買票！專車開車的時間會視明天日出時間而訂，稍後會公布在車站。不過，你們別擔心，明早開車前半小時我們會morning call！」

大家抬頭看牆上的鐘，已經三點十五分了，於是把行李放好之後，就急忙往車站去買票。

隔天他們出門時，天還沒有亮，摸黑走向車站。山上氣溫很低，幸好媽媽事先有提醒，大家都帶了外套。

媽媽說：「當年我畢業旅行的時候，在嘉義市也是二十八度左右，那時候森林火車可以一路開到山上，結果大家一路加衣服，到了阿里山站，氣溫只有七度，我下了車，第一件事就是去買棉襖。」

他們搭森林火車到祝山車站，一下車就是觀賞日出的平臺。這次他們很幸運，看到完整的日出。晨曦光芒耀眼，雲彩變幻萬千。連賣檜木精油的小販都說，這是最近一個月以來，最美的日出了，明安則拿起手機拍個不停。

看完日出後，回到旅館，早餐已準備好了。爸爸習慣吃飽飯後，會拿起手機看看有什麼新的訊息。結果他看到明安已經把剛才拍的照片貼在臉書上了，而且因為在照片上tag全家人的姓名，所以爸爸有一位久未聯絡的小學同學黃昭洋竟然在臉書上留了訊息給他：「義志兄，到阿里山來，怎麼不來找我呢？」還留下電話和地址，一定要爸爸在下山時去找他。

爸爸忍不住抱怨：「你們小孩子這麼喜歡貼照片，都透露出我的行蹤了。」

媽媽問：「這個黃昭洋是個怎麼樣的人呢？」

爸爸說：「他以前是開油漆工廠的，聽說賺了一大筆錢就退休，很多年沒和我們聯絡了，不過在臉書上經常看到他出國旅行，或是到處看房子、看店面，一直說要尋找投資機會。現在看他留的住址是在番路鄉，我也不知道他什麼時候跑到這麼鄉下的地方來。」

「番路鄉？那是什麼地方啊？」明雪好奇的問。

「我們下山時就會經過番路鄉，只是看他這住址，好像不是在市區，等一下要用衛星導航帶路，多了這個行程，我們玩的時間會被壓縮。」

媽媽安慰他說：「沒關係啦，既然順路，就去拜訪老朋友也不錯。」

於是他們決定好今天的行程：搭森林火車到沼平站，然後沿步道觀賞姊妹潭和神木群，再由神木站搭車回阿里山站，在車站附近吃午餐，然後開車下山。

他們穿過受鎮宮的大廣場之後，沿路就開始出現許多神木。到了神木站才發現遊客擠滿了月臺，只好分批進站和上車。明安趁這個時候上網查了阿里山神木的資料：「現在存活的神木最老的是兩千三百歲那一棵。它發芽的時候，相當於東漢光武帝在位年間，所以又稱『光武檜』……那時候，應該還沒有人知道臺灣吧？怎麼會知道這棵樹發芽了？是誰記下它的生日？」

明雪聽了忍不住噗哧一聲笑了出來：「你很笨吔！樹的年齡不是靠人的紀錄，而是看年輪的啦！」

「什麼叫年輪？」

「如果我們把樹幹鋸開，就會露出一個橫切面，上面滿布一個一個接近同心圓的環，那就是年輪。每一環代表一年，我們可以數一數環的數目，就知道樹的年齡。」

這時候火車來了，他們就搭車回到阿里山站。並在車站邊的小吃店叫了鹿肉，以及點了壺阿里山高山茶。吃完飯後，爸爸就發動車子，沿公路下山，往番路鄉前進。

一路上，路況很差，狹窄又泥濘不堪，某些地方甚至因為施工而封鎖道路，只能聽從工人指揮，在路邊等候通行的時間。

爸爸不禁抱怨道：「我這個同學到底有什麼毛病，已經是大老闆了，為什麼住到這種深山裡來？」

不久，衛星導航指示要在一座小橋前右轉，進入更窄的山路，爸爸擔心的說：「我覺得不太對勁，開到下一個能夠迴轉的地方，我們就掉頭回家吧！」

不過，才開了幾十公尺，就出現一塊空地，空地上有一座像工寮的簡單房舍，四周有幾棵樹，房舍前方的空地則有數堆土丘。這時，導航機的女聲說：「到達目的地。」

工寮裡走出了一名年約五十歲的矮胖男子，理著平頭，笑嘻嘻的朝他們揮手。

爸爸說：「那正是黃昭洋沒錯。」

大家打過招呼之後，爸爸困惑的問：「昭洋兄，你怎麼會跑到這裡來？」

黃昭洋笑嘻嘻的指著空地上那些土堆說：「我正打算買下這塊土地開採金礦！」

「金礦？」

「是啊！所以知道你人在嘉義，實在太高興了，趕忙請你這位化學專家來鑑定鑑定。」

爸爸說：「我對礦物不內行啦！你應該送去請專業機關分析才對。」

「地主說他有送國外化驗，今天會取得分析報告！」

爸爸說：「這種化驗很簡單，何必送到國外？」

「地主說國外的化驗單位比較有權威啦！不過我還是要聽自己人的意見才比較放心。」

爸爸只好無奈的說：「好吧，那你帶我去看看。」

黃昭洋指著空地上那幾堆土丘：「那就是這塊地底下挖出來的土。這塊地本來是樹林，地主名叫楊昱雲，五年前，他繼承了這片土地之後，把所有的樹砍光，準備要蓋房子，卻在挖地基時，發現裡面有金礦。因而停止建築計畫，準備找人投資，一起開發……」

媽媽望著圍繞在工寮旁邊的那幾棵樹：「把所有的樹砍光？那怎麼還會有這些樹？」

黃昭洋聳聳肩：「大概是怕熱，又新種的樹吧！據地主告訴我說，為了怕人偷金子，他就蓋了這間工寮守護著，因為有金礦，售價開得很高，所以沒有人買。」

你也知道，我一直在尋找投資的機會。這種有金礦的土地我很有興趣，稍微殺點價就成交了，只等今天下午對方拿分析報告過來，就要簽約及付款了。這幾天他送礦土去國外化驗，我就住在這工寮裡，守著金礦。」

爸爸上前從土堆裡抓起一把泥土，仔細觀察。紅色的土裡有少數淡黃色閃閃發亮的顆粒，這些顆粒本身的形狀不規則，裡面含有一些立方體。爸爸皺著眉頭問：「你說的金礦是這些淡黃的顆粒？」

黃昭洋興奮的說：「你也看到了，對不對？」

爸爸拉下臉來：「我看到的是黃鐵礦，不是黃金，不過它倒是有個可笑的名稱，叫做……」

爸爸突然停了下來，不知道該不該說，反倒是黃昭洋追著問：「叫做什麼呀？」

明雪自認化學程度很好，就搶先說：「黃鐵礦因為顏色很像黃金，經常被人誤認為黃金，所以又叫愚人金。」

「你是說，我就是那個被騙的愚人囉？」黃昭洋不服氣的問。

爸爸尷尬得不知道該怎麼回答，這時候又開來一輛汽車，車子就停在爸爸的車旁，車上走下一名瘦瘦高高的中年男子，頭上抹著亮亮的髮油，臉孔瘦削，一臉嚴肅，他下車後就問：「黃老闆，這些是什麼人？」

黃昭洋怒氣沖沖的質問對方：「楊先生，這位是我同學，他是化學專家，他說土堆裡那些金黃色的顆粒，不是金，而是愚人金，你是在耍我嗎？我不簽約了！」

楊昱雲的眉頭皺了一下，惡狠狠的瞪了爸爸一眼，然後擠出一副笑臉：「黃老闆，你別開玩笑了，我今天就是為你送來分析報告，這報告上明明白白寫了土壤裡含金沒錯，這是美國麻州大學地質研究所的化驗結果，難道你不相信？」說完，從手上公事包裡取出一份文件。

黃昭洋一看愣住了：「這全是英文我怎麼看得懂？」

楊昱雲笑著說：「放心，我為你準備了電子辭典，你可以慢慢查。」邊說邊遞過一個電子辭典。

黃昭洋把文件遞給爸爸：「義志兄，你幫我看一看。」

爸爸接過文件，仔細的閱讀了一番。這時候，明雪和明安兩個小孩低聲商量一陣子後，向媽媽說：「媽媽，我們要去樹下乘涼。」

媽媽說：「好，讓你爸爸專心把文件讀一讀，然後我們也該回家了。」

兩個小孩就一溜煙跑了。

檢驗單位確實是麻州大學沒問題，樣本是金礦，裡面的元素有金，還有銀、

汞，也有一些硫化物，包含黃鐵礦等。爸爸一邊看，一邊解釋給黃昭洋聽。聽到這裡，黃昭洋就笑了：「這樣就沒錯了，你看到的黃鐵礦只是雜質，其實裡面是有黃金的，對不對？」

爸爸搖搖頭，接著翻到下一頁，有一張照片，是一段細長的深色固體。黃昭洋好奇的問：「這是什麼？」

爸爸把照片底下所附的說明解釋給他聽：「這是黃金顆粒。」

黃昭洋高興得拍手：「果然有黃金，義志兄，現在你該相信了吧！不過，為什麼不是金黃色？」

「報告上說因為外表有鉑合金包覆，所以沒有呈金黃色，但是為什麼是棍棒狀，我要再想想。」

黃昭洋不耐煩的說：「只要是黃金就好，你管它是什麼形狀？」

爸爸沉默不語，他把眼鏡拿下，仔細盯著那張照片看，想了一下，突然拍了拍自己的額頭：「我懂了，這是河流裡沉積的金礦。因為金結晶時，常會形成樹枝狀晶體，黃鐵礦可以做為晶種，也就是作為晶體的中心點，所以分析報告裡會出現黃鐵礦是合理的，但是這些土堆裡的黃鐵礦是整顆的黃鐵礦，根本是不同的情況。樹枝狀的黃金顆粒，如果被河水搬運了一段時間，原來的分枝會因碰撞而摺到核心來，所以才變成棍棒狀。」

黃昭洋搔著頭問：「你可以講簡單一點嗎？」

「講明白一點，送驗的金礦是採自河流的，不是採自這塊土地的，昭洋兄，對方存心欺騙你。」

原來站在一旁的楊昱雲突然凶巴巴的說：「你不要胡說，黃老闆，你簽約要付的錢帶來了沒？分析報告既然帶來了，請你快點把錢付清。」

這時候小路開來一部警車，車上走下兩名警察。其中一位說：「楊先生，不要再騙人了，這塊地根本不是你的，你怎麼有權賣地？你是不是又偽造土地所

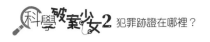

有權狀了？我們警方通緝你很久了，請跟我們上車。」

楊昱雲急忙跑回車上，打算開車逃跑，但是小路已經被警車封住，他見無路可逃，只好束手就擒，被警察押上警車載走。

「這是怎麼回事？」黃昭洋問。

這時明雪和明安笑嘻嘻的從樹下走過來。

明雪說：「我們看黃叔叔對爸爸的意見半信半疑，一時之間無法判定對方是不是騙子，就走到樹下乘涼，結果發現有一段樹幹剛被鋸開……」

「喔！那是我昨天為了晾衣服而鋸下來當竹竿用的。」

明安說：「結果，我靈機一動，數一數樹的年輪，發現這棵樹有二十五歲，所以楊昱雲說，他五年前為了整地把樹全砍光，顯然是騙人的。」

明雪接著說：「本來這是一件無關緊要的小事，但是卻足以證明他騙人，所以我用手機聯絡當刑警的李雄叔叔，請他幫忙查楊昱雲這個名字，但是查不到。」

明安補充說：「於是我用手機偷偷拍他，再傳給李叔叔，李叔叔一眼就認出這個人是被通緝的詐騙慣犯，本名叫楊雲裕，立即通知本地的警局前來逮人。」

黃昭洋聽完事情的來龍去脈後很高興：「義志兄，你和你們家兩個小偵探救了我，否則我今天會被騙走好幾百萬。為了表達謝意，我請你們到嘉義市最高級的飯店吃晚餐。」

媽媽急忙說：「不用，不用，你沒有損失就最好了，我們要趕快趕回臺北，明天小孩還要上課呢！」

科學破案知識庫

在樹成長的過程中，樹皮內部的細胞，會由內往外推，愈老的部分愈靠近核心，愈年輕的就愈靠近樹皮。在溫暖的夏天及寒冷的冬天，樹木的生長速率不同，所以顏色也不同，就形成了年輪，我們可以根據年輪判斷樹的年齡。不但如此，由各年輪的顏色及密度，還可以推算當年的氣候狀況喔！

某些貝殼類（如雙殼貝類軟體動物）及珊瑚也有年輪。

5 案件

花粉找出了凶手

爸爸這學年擔任學校自然科教學研究會的召集人。依照慣例，本學期要辦一次教師的校外參觀活動，爸爸想帶老師們到福山植物園去參觀。

他在晚餐時對全家人說：「要進入這個植物園可不容易，要提早好幾個月申請，而且申請時就要確定入園人數及身分，入園時還要檢查身分證，不能冒名頂替。由於福山是生態保護區，只有研究人員能住在裡面過夜，普通訪客既不能住宿，也不能在裡面用餐。所以只能早上入園，中午離開，到園區外找餐廳用餐。」

明安失望的說：「不能吃東西？那還有人要去嗎？」

爸爸說：「當然有啦！既然叫植物園，當然有很多珍貴的植物啦！現在這個季節應該有流蘇、臺灣金絲桃和臺灣青莢葉等植物正要開花，園裡出沒的動物還有獼猴、飛鼠和林鵰等，很值得觀賞。」

明雪從未在野外看過這些動物：「哇！我想去。」

爸爸繼續說：「園區位於新北市與宜蘭縣交界處，可由宜蘭進入。為了趕在早上入園，我們決定前一晚就先到礁溪，因為參觀完園區時，大約已經下午一點多了，所以我打算帶老師們到附近員山鄉的土雞城吃午餐。這次有學校的公文，比較容易申請入園，機會難得，我想帶全家人一起去，反正這次活動學校並沒有補助，所有費用都是自己出，大家依人頭分擔費用。」

媽媽問：「你們預計什麼時候去？」

爸爸說：「時間排定在四月底的那個週末。」

時間過得很快，四月底轉眼就到了。週六當天，一群人浩浩蕩蕩向宜蘭出發。他們選擇走濱海公路，沿途在鼻頭角燈塔、北關等地遊玩，晚餐在頭城的海鮮餐廳用餐，明安終於吃到他夢寐以求的美食。

飯後天色已暗，一行人開車到礁溪的溫泉旅館投宿。因為旅館裡有附設的溫泉游泳池，明雪和明安都去游泳，度過了愉快的一天，才安然進入夢鄉。

第二天，明雪睜開眼睛後，發現已經是早上七點鐘，糟糕，昨天玩得太累，今早睡過頭了。她記得爸爸昨晚在解散前宣布，第二天一大早想到五峰旗瀑布去健行的人，必須在早上六點時到旅館停車場集合，過時不候。她看著旁邊爸媽的床是空的，知道他們已經出發了。

大約八點左右，觀賞瀑布的人回到旅館吃早餐。明安立即向爸媽提出抗議。

媽媽說：「我看你們睡得那麼熟，一定是昨晚游泳太累了，所以沒有叫你們，讓你們睡飽一點。」

明安仍舊不高興的說：「我不管，一定要再帶我去一趟。」

爸爸看著錶說：「現在去太晚了，我們吃完早餐必須立刻出發前往福山，否則會錯過入園時間。你想去五峰旗的話，不如等遊園完畢，吃過午餐後，我再帶你們去。」

於是他們按計畫在早餐後出發，準時抵達園區。明雪和明安對動植物都沒有很深入的了解，但在園區解說員及同行生物老師的講解下，也認識了一些園區中珍貴的物種。走馬看花的逛完一圈，已經是下午一點了，雖然依依不捨，但抵不住飢腸轆轆，只好離開園區，直奔雙連埤附近的土雞城用餐。

餐桌上大夥以茶代酒，舉杯謝謝爸爸辦活動的辛勞。

爸爸開心的說：「謝謝大家的合作，此次活動才能順利完成。不過咱們家的小朋友早上錯過了五峰旗健行活動，所以餐後我想帶他們去走走，車隊在此解散，各位自行開車回去，有沒有問題？」

「當然沒有問題。」眾人便在土雞城分手。

爸爸把車開到五峰旗風景區的停車場，他們一家人便下車，開始步行。五峰旗瀑布分三層，每一層瀑布都很小，大約只有幾十公尺的高度，水量也不多，他們一路往上走，很快就走到最高的第一層瀑布。在拍完照片後，一家人就往回走，這時明安發現路邊有一道指示牌，顯示由岔路往上走，可以到達聖母朝聖地。

明安玩得還不過癮，就說：「我們到聖母朝聖地去。」

媽媽點點頭：「你帶路啊，我們早上因為急著回去吃早餐，沒有走這條岔路。」

這條岔路的兩旁開了許多漂亮的花，每一朵都有許多花苞擠在一起，淡淡的粉紅色，顏色非常柔和美麗，有些花苞已經展開，唇瓣白裡透紅，形狀很像蘭花。兩個小孩看到這麼漂亮的花，高興的拿出手機來不停的拍照。

這時有一名年輕人急急忙忙由山上跑下來，那人穿著灰色短袖上衣、橘色運動長褲和藍色球鞋，背著一個黑色的背包，頭髮抹油，往後梳得尖尖的，橫眉豎目，看見明安蹲在狹窄的山路中間拍照，一腳踩在右邊的草叢裡，一邊惡狠狠的喊著：「閃開！」

明安急忙跳進另一邊的草叢裡，那人便飛快跑下山去。

明安餘悸猶存的拍拍胸口：「嚇我一跳，那個人怎麼那麼凶呀？」

媽媽說：「你本來就不應該擋在路中央。」

爸爸搖搖頭說：「縱然如此，也沒必要這麼凶啊！這個人究竟在急什麼？」

為了忘掉這段不愉快的小插曲，明雪試圖轉移話題：「媽，這是什麼花啊？好漂亮喔！」

媽媽聳聳肩：「我不知道。」

爸爸說：「不認識的花一律叫野花。」

明安不滿意爸爸敷衍的態度：「那有這麼賴皮的人？我要問秦伯伯，他是生物老師，一定認識這種花。」

明雪懷疑的問：「你確定手機在這裡收得到訊號嗎？我剛剛在餐廳想打電話給我同學，發現訊號零格。」

明安仔細看了一下手機：「沒問題，這裡訊號夠強。」

於是他把拍到的花朵照片，傳了好幾張給秦老師。不久之後，秦老師傳來答案，原來這是宜蘭月桃，是山薑和普來氏月桃天然雜交產生的新品種。

問題得到解答後，他們繼續往山上走，大約走了幾百公尺，突然發現有個高

嘩——
咔嚓
咔嚓
閃開！
哇……

中生模樣的女孩躺在路旁呻吟，她滿臉是血，衣服上有多處髒汙，媽媽急忙上前把她扶起來，並詢問她怎麼了。

女孩以微弱的聲音斷斷續續的說：「剛才……有個男的搶我皮包……我緊緊拉住皮包不讓他搶走……他就動手打我……最後皮包還是被他搶走。而且……我現在渾身痠痛……站不起來……」

媽媽試著要扶她站起來，但是她仍無法站立。爸爸見她傷勢這麼嚴重，只好打電話給礁溪消防隊，請他們派人上山救援。為了爭取時間，爸爸把女孩背在背上，慢慢走下山。山路本來就狹窄，又背了一個人，所以爸爸只能小心翼翼一步一步往下走。

在第三層瀑布之前的路，還算平坦寬敞，所以當他們抵達那裡時，救護車已經停在那裡等候。明雪見那女孩情緒似乎比較平靜了，便問她：「搶你皮包的人是不是穿灰色上衣、橘色運動褲，頭髮梳得尖尖的？」

女孩驚訝的點點頭：「你怎麼知道？」

「他剛剛和我們擦身而過，你看看是不是這個人？」明雪在她手機圖片庫裡找了一張照片，遞給女孩看：「你可以用手指放大他的臉部。」

女孩仔仔細細的觀察了幾秒鐘之後，斬釘截鐵的說：「沒錯，就是他，我皮包裡有兩萬塊錢，都被他搶走了。」

明雪用充滿自信的口氣安慰她說：「你放心，既然拍到了歹徒的照片，相信他逃不了。」

消防隊員迅速把女孩抬上救護車，鳴笛走了。

媽媽問明雪：「你什麼時候拍下那個人的照片？」

明雪說：「其實也不是故意要拍，只是因為小路旁的花很漂亮，所以我和弟弟一樣，拿起手機就拍，沒想到那個人快速跑過來，不小心就跑進我的鏡頭裡。」

媽媽接過明雪手機，仔細端詳之後說：「你看這個人只有背後一個黑色背包，沒有拿女用皮包啊！那個女孩會不會認錯人了？」

明安說：「女用皮包可以塞進背包裡啊！我們在山路上只看到這個人，應該不會錯吧！」

爸爸說：「既然如此，你們快點把拍到的照片全部都傳給李雄叔叔，請他查查這個人的身分。」

明雪和明安依爸爸指示，把照片傳給當刑警的李雄，並詳細描述了案發的地點和經過情形。

他們步行回到停車場之後，立即開車上高速公路，在雪山隧道中，明安說：「爸爸，等一下出了交流道之後，可不可以順路在警察局停一下？我想知道歹徒抓到了沒有。」

爸爸點點頭，畢竟親眼目睹那女孩受傷的情況後，令人無法不關心案情的發展，連媽媽都不停的說：「這麼狠心的人一定要繩之以法。」

當他們的車停在警局前時，發現鑑識專家張倩正站在門口，便上前詢問李雄在不在。

「李組長把你們傳來的照片和警方的檔案進行比對之後，發現嫌犯名叫蘇知緯，有偷竊前科，家住基隆。李雄組長立即出發前往他家攔截，果然在嫌犯入門前予以逮捕。」

媽媽高興的說：「太好了，真是老天有眼。」

張倩苦笑著說：「沒那麼簡單，李組長在蘇知緯的身上和車上都沒有找到女用皮包和錢，他的黑色背包裡只有一隻新手機，蘇知緯堅持他今天沒有到宜蘭，他只是到暖東峽谷散心，然後就回家了。更麻煩的是，他爸爸是當地議員，極力阻撓警方辦案。」

「說不定他在路上就把女用皮包丟了，用裡面的錢買了手機。」明安說。

張倩點點頭：「有可能，不過這樣追查起來就很費工夫。為了保全證據，我建議李組長立即將嫌犯帶回來讓我採證。我站在這裡就是在等他們的車子回來。」

這時候鳴著警笛的警車駛進警局停車場，後面跟著一輛加長型黑色豪華禮車。李雄押著蘇知緯下車，他身上仍然穿著那一身灰衣、橘褲及藍鞋。

後面禮車上也走下一位西裝筆挺的中年紳士，怒氣沖沖的對著李雄吼：「你硬要扣押我兒子，如果最後找不到犯案的證據，我保證你會吃不完兜著走。」

張倩立刻迎上前去：「蘇先生，你別生氣。給我幾分鐘採證的時間，立刻就可以讓令公子離開，請蘇先生也進來實驗室坐一下。」

明雪悄悄對明安說：「你看張阿姨說話的口氣，似乎成竹在胸，我們也跟過去看一看。」

想不到張倩不但沒有阻止，反而揮手邀他們進去。

進入實驗室之後，只見張倩拿刷子在蘇知緯的衣褲上刷一刷，再把刷子放進試管裡轉一轉。又要蘇知緯把鞋子舉高，她用一根刮勺在上面刮了一些泥土下來。

接著她又拿出另一把刷子，對明安說：「當時你在案發現場附近，所以我也要對你做同樣的採證。」

最後，她拿出第三把刷子，對蘇議員說：「為了做比對，我希望也能在你身上採證。」

蘇議員瞪大眼睛說：「我一整天都在基隆跑基層，有很多選民可以作證，你連我一起懷疑？」

張倩笑著說：「請別誤會，就因為你整天沒離開基隆，所以才有比對的價值。」

蘇議員雖然罵個不停，但是張倩還是順利採證成功。採證完畢後，張倩對蘇議員說：「你們到會客室坐一下，我立即分析這些證物，很快就知道結果。」

李雄請人端來咖啡，讓蘇議員坐在沙發椅上等候，並交代兩名警員看守蘇知緯之後，就轉身離開。

半小時之後，張倩由實驗室裡走出來。她對蘇知緯說：「我們鑑識科裡有一位花粉學專家，由你和明安的衣服、褲子和鞋底都檢驗出宜蘭月桃的花粉，但是你父親的身上並沒有這種花粉，所以你今天確實到過宜蘭。」

蘇知緯吞吞吐吐的說：「花粉？……憑花粉就可以定我的罪？說不定暖東峽谷也有這種花呀！」

張倩說：「的確有這個可能，不過你身上的花粉種類有三種，明安身上的花粉更多種，而且有些花粉很罕見，因為他去過福山植物園，而你沒有。只要是這個季節開花的植物，它的花粉就有可能散布在周遭，身處在那個環境裡的人，難免會沾上。也就是說，我們從你身上採到的花粉組合就可以知道你去過哪裡，沒有去過哪裡。暖東峽谷那邊栽種的花卉種類，必定與五峰旗不同，如果你不認罪，我明天再到那裡去採樣做比對，查明真相只是時間問題，如果案子是你做的，你就逃不了。」

這時候，李雄再度回到會客室：「不必那麼麻煩了，我剛剛請礁溪那邊的警方回到案發現場搜查，結果在涼亭裡找到被丟棄的女用皮包，他們正在檢驗上面的指紋，等一下就會知道結果。」

這時候，蘇知緯低下頭說：「不用檢驗了，皮包是我搶的沒錯。我見她一個人獨自走在山上，又背著一個皮包，一時起了貪念，才會動手行搶。」

蘇議員像洩了氣的皮球一樣，癱坐在椅子上：「你這個孩子，家裡又不是沒有錢給你，為什麼要去搶？」

李雄忙著為蘇知緯做筆錄時，張倩送明雪一家人到門口。明雪和明安都稱讚張倩好厲害，光憑花粉就可以破案。

張倩說：「我由你們拍的照片中看到宜蘭月桃，再加上你們的描述，明安和犯人曾因錯身而分別踏進草叢，因而引發我的靈感，決定採集你們身上的花粉做比對。這些歹徒自以為逃得掉，卻不知道，只要做過的事，必然留下痕跡。」

科學破案知識庫

花粉學是研究花粉、孢子等微小的植物顆粒的一門學問。在刑事上，花粉是有用的辦案工具，例如本文所描述，由嫌犯身上的花粉種類，可以證明或排除嫌犯是否曾經在該場所出入。此外，各種植物開花的季節不同，所以也可以用來判斷嫌犯或證物出現在該地點的季節。花粉也可以用來判定商品的產地，例如紐西蘭是畜牧王國，當地的蜜蜂不像歐洲的蜜蜂容易染有幼蟲腐臭病，因此他們非常擔心外來農產品會引入傳染病，該國就曾查獲四桶可疑的進口玉米粉，雖然是由美國舊金山的船運送過去的，但是由裡面的花粉判斷，這批貨品應該來自中國。

案件 6

「硫」下犯罪跡證

今天星期三，明安的學校舉辦校外教學，目的地是金瓜石的黃金博物園區。下了遊覽車後，老師要求大家要跟著她參觀黃金博物館和太子賓館，並要求不小心脫隊的同學必須在兩個小時以後，自行回到遊覽車上。由於這兩個景點，明安都參觀過了，實在覺得無聊，心想不如自己走，看看有沒有什麼新奇的東西可以看。

歐麗拉聽到他要脫隊，也想跟著他一起去探險：「金爪石這裡的採金礦坑已經廢棄多年，可是曾有外國專家來這裡探勘，發現地下還有金礦喔！」

「真的嗎？」明安不敢相信。

「真的，不信我查給你看。」麗拉用手機上網，立刻就查出一則相關新聞。

新北市瑞芳區九份、金瓜石數十年前曾是採金重鎮，全盛時期黃金年產量高達兩公噸，有「黃金城」美譽；五年前，澳洲礦業公司和地質學家曾探勘金瓜石，認為地下還有約值兩千億元的金礦，消息一出，引起宵小覬覦，五年來零星盜採不斷，估計被挖走三百多萬至七百多萬元的金礦。

「哇！兩千億元的金礦？如果我們能找到就好了。」明安不覺興奮了起來。

麗拉說：「我陪你去找，找到了我們兩個人平分。」

兩個小孩童言童語，自以為是的約定要分享探險的成果。接著就由太子賓館旁的小徑偷偷溜上山。他們也不知道哪裡有金礦，只能胡亂找路往山上走。到處是雜草，走著走著，已經遠離觀光景點和喧囂的人聲。不久，來到一棵大樹下，麗拉喘著氣說：「休息一下吧！我的腿痠了。」

兩人坐在樹下聊天，望著天空的白雲變幻成各種形狀。突然明安發現山坡上好像有一片茅草鋪成的屋頂，他提議道：「我們爬到那裡瞧瞧，好不好？」

兩人就繼續往山坡上走，來到一片平臺。平臺上有一間木造的房屋，木屋的牆壁有斑駁的痕跡，顯然經過漫長歲月的侵蝕。屋頂上覆蓋著茅草，這就是他們剛才看到的茅草屋頂。明安透過木牆間的縫隙向裡面看，發現裡面堆積了許多器材。

明安不禁懷疑道：「這麼古老的木屋，怎麼裡面還會有東西呢？」他動手推了一下木門，沒想到門竟然就開了。

「沒有主人的允許，我們不應該進去。」麗拉正要阻止，但是明安已經一腳踏進屋子裡去了。

他回頭對麗拉說：「這麼舊的房子，主人可能早就不在了，而且我們看一下就出來。如果你害怕的話，就在外面等我。」

麗拉看見明安走進去，也只好硬著頭皮跟進去。因為沒有窗戶，所以屋子裡很暗。明安啟動手機裡的手電筒程式，手機立刻就射出一道明亮的光束，他們終於可以看清木屋裡的情況。

他們看到兩部機器，其中一臺有著螺旋狀的刀刃，以及布滿尖刺的圓筒，上面有些碎石。另一部機器則有一座凹槽，裡面滿是黑色油亮的泡沫，上面黏了少許黃色的粉末。空氣中瀰漫著一股特殊的氣味。

麗拉發現凹槽旁邊有個給料斗，她因為好奇去拉了一下，結果有些淡黃色的粉末掉了下來，撒在她身上，她急忙用手把那些粉末拍掉，嘴裡直嚷著：「好噁心！」

明安看到牆邊有個桶子，就掀開桶蓋，用手撈起裡面的東西來看：「哇！整桶都是那種淡黃色粉末。」

這時候兩人都覺得有點頭暈，就走出屋外。發現牆邊有水龍頭，急忙用水沖洗剛才碰到粉末的地方。沖洗乾淨後，麗拉發現老師規定的集合時間已經到了，急忙拉著明安下山。

兩人趕到停車場時，老師已經滿面怒容的站在遊覽車下面等著他們了：「你們兩個到哪裡去了？都沒有注意集合時間嗎？」

「沒有啦……」明安不敢說他們兩人跑到後山去探險：「……我們看得太仔細了，忘了時間。」

「我們還要到九份吃午餐，你們這樣會耽誤大家的行程。」因為和餐廳約了時間，不能遲到太久，老師只好先讓他們上車，不過老師怒氣未消：「回學校後，罰當一個星期的值日生。」

兩人自知做錯事，不敢有意見，只能乖乖接受老師的懲處。

看到什麼了嗎？
裡面好像有很多器材。
這麼古老的木屋，怎麼裡面還會有東西呢？
推
咿呀～～
沒有主人的允許，我們不應該進去。
這麼舊的房子，主人可能早就不在了，
而且我看一下就出來。如果你害怕的話就在外面等我。

第二天，星期四，回到學校，兩人開始當起值日生，負責擦黑板、打掃等工作。到了午餐時間，還要負責推送餐點。

確認班上每位同學都領到午餐後，老師也坐在辦公桌前用餐，卻發現明安和麗拉兩人趴在桌上沒有吃東西，就把他們叫到辦公桌前。

「為什麼不吃飯？」老師以為他們因為被罰當值日生而不高興，賭氣不吃飯。

麗拉淚汪汪的說：「我肚子痛。」

明安用手摀著肚子說：「我也是。」

「你們早上吃了什麼零食了嗎？」

兩人都搖搖頭。

老師心想，兩個人根本還沒吃東西，不可能是吃壞肚子，而且怎麼會同時肚子痛？就勸他們：「多少還是要吃一點吧！你們會不會是餓到肚子痛？」

可是兩人都表示：「覺得噁心，沒胃口，不想吃東西。」

不久，兩個人都衝到洗手臺嘔吐，因為沒吃東西，只吐出一些酸水。這下老師慌了手腳，急忙聯絡家長。

媽媽接到電話後立即請假趕到學校，她要帶明安去看醫生，可是明安不肯，他說：「我現在頭痛，覺得很疲倦，我想回家睡覺。」

媽媽說：「好，我先帶你回家睡覺，但是如果睡醒了，還是不舒服，就一定要看醫生喔！」

明安虛弱的點點頭。

於是媽媽就帶明安回家，麗拉的爸爸也到學校把她帶回家。

明安睡到傍晚才起床，幸好已經不吐了，於是他就吃了幾片餅乾和一根香蕉。不過他仍然覺得噁心，吃完東西就回到床上繼續睡。但是因為胃食道逆流，加上胃腸不舒服，一直都睡不安穩。

◎◎◎◎◎

第三天，星期五，明安早上起來後，手腕皮膚有點癢，不過胃腸不舒服的症狀逐漸緩解。但是爸爸覺得不太對勁，於是便打電話到學校幫明安請假一天，帶他到醫院去。

醫生詳細問了明安過去的病史，他以前沒有噁心、消化不良及胃腸的症狀，過去一年也沒有服用過非類固醇抗發炎藥物。醫生問來問去，毫無頭緒。這時候，爸爸的手機接到老師打來的電話，告知麗拉今天也請假。

老師說：「他們兩個人在星期三校外教學那天曾經脫隊，又同時生病，會不

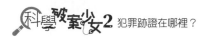

會是他們溜出去時，吃到什麼不乾淨的東西？」

爸爸把老師的懷疑轉述給醫生聽，醫生搖搖頭說：「他的症狀不像吃壞肚子，如果是食物中毒，也不會拖了一天才發作。不過，發病原因可能和他們脫隊時接觸到的東西有關。嗯！先驗尿看看，然後你帶他到外面等候，同時問問看，他們脫隊那段時間到了哪裡？看過、摸過什麼東西？等驗尿報告出來，我再請你們進來。」

把尿杯繳到檢驗臺後，爸爸拉著明安到一旁，表情嚴肅的說：「在旅遊中脫隊是很危險的行為，你們不該這麼做的！」

明安歉疚的說：「我知道錯了，下次再也不敢了。」

爸爸嘆了口氣說：「我不是要罵你，而是要你老老實實說出脫隊期間你和麗拉到過哪些地方，這樣醫生才能知道你們中了什麼毒。」

明安不敢再隱瞞，只好一五一十的說出來。爸爸邊聽邊搖頭：「太離譜了，不但脫隊，還闖入別人的房舍。」

「可是那看起來像廢棄的房子，應該沒有主人。」明安還想辯解。

「就算沒有主人，你也不可以任意闖進去。」爸爸板起面孔教訓他。

這時候護士叫他們進入診療室看報告。

醫生說：「我剛剛勾的檢驗項目裡，有一項是檢查 2- 硫四氫噻唑 -4- 羧酸，簡稱為 TTCA。結果發現他的尿中確實存在 TTCA，濃度為四毫克每升。不必治療，等他慢慢代謝，濃度就會愈來愈低。不過你要想想看，我們是在他們脫隊之後兩天後才做的檢查，當初濃度一定更高。」

「醫生，請問尿液中出現 TTCA，代表什麼意義？」爸爸也不懂醫學。

「二硫化碳中毒。因為二硫化碳在人體內經過代謝作用，就會產生 TTCA。」

「二硫化碳？」

「對。」醫生搖搖頭說：「一般來說，二硫化碳最容易發生在生產人造纖維的工人身上，這麼小的小孩會發生二硫化碳中毒，實在很少見。」

爸爸把明安描述的情形重新回想一次，恍然大悟的說：「我懂了！謝謝你，醫生。」

爸爸沒有多作說明，留下一臉錯愕的醫生，就拉著明安離開診療室。既然醫生說不用治療，他立即帶明安離開醫院，搭計程車直接往警局去找刑警李雄。

到警局後，爸爸要明安向李雄詳細描述那間舊木屋的位置。

聽完事情發生的經過，李雄仍然像丈二金剛摸不著頭緒：「義志兄！這到底怎麼回事啊？」

「這是盜採黃金的案子。山上舊礦區全屬於台糖公司，任何人不可以潛入開採，明安就是誤入盜採者提煉金礦的木屋。」

李雄還想提出疑問，爸爸催他說：「你快點上山搜索，據我推估，那間木屋內必定留下許多證據，萬一盜採者發現有人進過木屋，一定會毀掉證據，到時候要抓人就麻煩了。」

明安回到家之後，仍然覺得虛弱，一直躺在床上睡覺。爸爸打電話給麗拉的爸爸，通知他要帶麗拉去看醫生，並且要檢驗尿裡的TTCA濃度。

傍晚明雪放學回家，聽爸爸講起明安看病的經過，大感好奇：「二硫化碳？我讀國中時學過，老師說硫難溶於水，但是可以溶於二硫化碳。不過，因為它毒性太強，而且揮發性大又可燃，老師說太危險了，他只用口頭講解那個現象，沒有讓我們做實驗。」

爸爸點點頭：「嗯，除非學校有通風櫥，否則最好不要做那個實驗。」

「醫生診斷明安是二硫化碳中毒，為什麼你就知道那間木屋是提煉金礦的地方？」

爸爸笑著說：「我考考你。你聽過浮選法嗎？」

「有，某些金屬礦物磨成粉後，放入水中，金屬粉末會沉入水底，接著加入界面活性劑，並打入氣泡，金屬礦粉和無用的母岩親水性不同，金屬礦粉會被氣泡帶著浮上水面，沉在水底的母岩則可以丟棄，這樣就達成濃縮金屬礦的目的。」

爸爸點點頭：「很好，課本上寫的，你都記得。」

「對喔！像肥皂、洗衣粉這一類物質都是界面活性劑，所以明安見到的泡沫就是界面活性劑造成的。」明雪似乎懂了，但是仔細想想還是不對：「可是他們在現場沒有找到肥皂或洗衣粉呀！難道給料斗和桶子裡那種淡黃色粉末就是浮選法用的界面活性劑？」

「我猜那是一種黃原酸鹽。」

明雪搖搖頭：「那是什麼？我沒聽過。」

爸爸在紙上寫下黃原酸鹽的通式：「那是指化學式為 $ROCS_2^-M^+$ 的鹽類，其中 R 指烷基，M 代表鈉或鉀等金屬。從名字你就知道這一類物質呈黃色，正是明安所形容的淡黃色粉末。」

明雪看著化學式說：「嗯！我懂了，黃原酸鹽的 R 那一頭是親油端，帶負電那一端是親水端。親水端伸入水中，親油端因為討厭水，就伸入空氣中。所以它是界面活性劑，容易形成泡沫。」

爸爸忍不住鼓掌：「不簡單，課本並沒有介紹黃原酸鹽，你竟然也判斷得出來。」

明雪不好意思的說：「哎呀，我國中就學過肥皂的洗淨原理，黃原酸鹽作為界面活性劑的原理和肥皂一樣。不過，講了半天，害明安中毒的二硫化碳又是哪裡來的呢？」

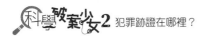

爸爸指著他寫的化學式說：「你看化學式裡有C和S，它遇到水時，會釋放出CS_2，也就是二硫化碳。」

「原來如此，可是明安他們沒有去摸那些泡沫呀。」

「你忘了二硫化碳是揮發性大的液體嗎？換句話說，它很容易變成氣體，所以那間木屋裡充滿二氧化硫的氣味，那是一種類似醚的特殊氣味，有人形容那是芳香味，不過我可不喜歡。更嚴重的是，他們摸到了給料斗上和桶子裡的淡黃色粉末。當麗拉和明安用水沖掉黃原酸鹽時，就產生了二硫化碳，這恐怕才是他們中毒的主因。」

這時候，李雄打電話來：「老陳，謝謝你提供的情報，我們真的在木屋裡找到很多盜採的證據，巧的是，就在我們採證的時候，盜採者又回到木屋，被我們逮個正著。」

爸爸笑著說：「我猜得沒錯，不過，建議你送他們去驗尿，他們這些盜採者如果沒有採取足夠的安全措施，常常也會中毒的。」

爸爸掛上電話後，明雪仍繼續追問：「哇！這麼說來，在金礦裡操作浮選法的工人豈不是每個人都要中毒了？」

「在正式的浮選廠房裡，工人要穿棉布工作衣，外面再罩上紙製工作衣，戴上塑膠手套和防毒面具，即使如此，仍有中毒可能，要經常做健康檢查。明安他們這麼冒冒失失的跑進去，實在太危險了，等他體力恢復了以後，要好好告誡他才行。」

科學破案知識庫

浮選法就是把空氣打入含有界面活性劑的水中，使其形成泡沫，而金屬粉末會吸附在泡沫上，隨著泡沫逐漸聚集變大，最後會浮在水面，與沉在水底無用的母岩分離。這項技術目前在工業上除了分離或濃縮礦物外，也廣泛使用於廢水處理及紙漿的再製等。浮選法具有許多優點，根據美國環保署的研究，處理含鉛廢水時，若使用浮選法，所需之費用，不到傳統化學沉澱法的一半。

案件 7

繡球花的指證

學校即將舉辦布置教室的比賽，明安和歐麗拉在放學後，又留在教室裡布置了一個小時才離開。因為兩人的家分別在不同方向，走出校門後，明安揮手向麗拉道別，便走向回家的路。不料他走沒幾步路，就聽到麗拉的尖叫聲，回頭一看，只見兩名歹徒把麗拉強拉上一輛黑色轎車，揚長而去。

明安急忙跑回校門口警衛室，請警衛報警，同時也用手機通知歐爸爸。

不久之後，刑警李雄就趕到現場，他問明安：「歹徒的面孔，你看清楚了？」

明安搖搖頭：「只看到背影，沒看到臉。其中一個瘦高捲髮，另一個白白胖胖，留平頭，兩個人都穿黑色大衣，領子翻起來。」

李雄失望的說：「車子呢？你對車子最熟了，有看清車型車號嗎？」

「車子的廠牌和型式絕對不會看錯，但是車牌被遮住了。」

歐爸爸也趕到現場，他氣急敗壞的說：「麗拉的手機有追蹤功能，只要我發一則簡訊到她的手機，就會傳來她的座標位置。可是我剛才發了簡訊，傳回的座標卻是在學校。」

「學校？怎麼可能？我親眼看見她被抓走了呀！」明安一邊嘟囔，一邊四下察看，結果在學校圍牆邊的草叢裡發現麗拉的手機。

李雄皺著眉說：「歹徒在第一時間就扔掉麗拉的手機，我們遇上非常狡滑的對手了！」

歐爸爸憂心忡忡的問：「那怎麼辦？」

李雄安慰他說：「綁架案通常是要錢，尤其你經營的大飯店生意興隆，可能因此引起歹徒覬覦。你還是回飯店去等勒贖電話，我會派警員陪你，你聽從警員的指示即可，其他的我們會處理。以現在的科技，要追蹤發話地點不難。就算歹徒用手機，我們也可以依基地臺收集到的數據估算出發話手機在哪一區。」

於是李雄留在現場追查線索，他的副手林警官就隨歐爸爸返回他經營的大飯店。

明安問歐爸爸：「我可以跟你回去等候消息嗎？」

歐爸爸知道明安是麗拉最好的朋友，所以點頭答應：「嗯，只要你爸媽同意就可以。」

明安坐上歐爸爸的汽車後，隨即以手機向爸媽報告事情發生的經過，爸媽同意他到歐家幫忙。

回到飯店後，林警官就安排追蹤飯店的電話以及歐爸爸手機。三個小時之後，歹徒就打勒贖電話到歐爸爸手機，要求五百萬元贖金。歐爸爸依林警官指示，要求與麗拉通話。

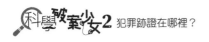

歹徒說：「你放心，明天在你交付贖金之前，我會給你一項證據，證明你女兒很平安。」

「可是五百萬不是小數目，我必須跑好幾家銀行，才能提領到這麼大的金額。」

「這個我懂，我會給你充分的時間籌錢，明天下午四點，我再打電話給你。」說完就掛掉電話。

林警官搖搖頭說：「這通電話是由臺南市龍崎區的公共電話撥出的，我通知當地警方前往找人，但是歹徒已經離開了。」

這時候，李雄也趕到飯店了：「我調閱了學校附近的監視器畫面，發現歹徒行駛的路線，躲過了設有監視器的路段，所以無法追蹤。歐先生，明天你先依歹徒指示去籌錢，我們警方會先布置好，在歹徒取錢時，將他擒拿到案。」

接著，他對明安說：「今天晚上，歹徒不會再有什麼行動，我載你回家休息吧！」

明安懇求道：「我想參與明天的行動，可以嗎？」

李雄說：「這樣吧，明天下午你就搭我的車參與行動，也可以隨時提供你的意見。」

◎ ◎ ◎ ◎ ◎

第二天下午，李雄正在飯店會議室主持專案小組會議時，明安帶著明雪走進來。

李雄笑著說：「我就猜到你們兩名小偵探一定不肯放過這個解救好朋友的機會，所以我為你們留了兩個座位。」

姊弟倆就坐後，李雄繼續對部屬宣布他的布署：「我拜託龍崎區的警方清查他們轄區內的空屋，並無所獲。這批歹徒這麼狡滑，一定會使用調虎離山計，把我們警方騙開，才出現取錢，所以我們必須通知本市各派出所隨時應變。林警官坐鎮飯店，追蹤歹徒發話位置，可能的話，通知附近警網攔截。我不使用警車，駕駛一般車輛，緊跟在歐先生的車子後面。胡警員騎機車，跟在我的車子後方應變。歐先生同意我們能監聽他的手機通話，我們所有人都能同時聽到歹徒與歐先生之間的對話，也能聽到我的指令。」

這時候，歐爸爸的手機響了，他按下擴音鍵，讓所有警員都能聽到歹徒的話語。

「歐先生，你錢準備好了吧？」

「嗯，準備好了。不過，我怎麼能確定我女兒平安？」

「派人去查看飯店的信箱就可以找到你女兒平安的證據，以及指示你交錢的方法。」說完歹徒立刻掛上電話。

歐爸爸立刻跑去開信箱，發現裡面有一張彩色照片，麗拉一手捧著一束藍色繡球花，另一手拿著報紙，頭版有內閣改組的消息，這是今天最新的消息。麗拉的表情很平和，沒有驚恐的模樣。

照片背面寫著：立刻帶著錢上路，沿著飯店前面大馬路直直的開，不要轉彎，當車子右側路邊出現照片中的花束時，立刻停車交錢。不准跟蹤取錢的人，如果那個人在晚上七點以前沒有帶著錢回來，我就會撕票。

歐爸爸欣慰的說：「還好麗拉沒有受到虐待，只要她能平安回來，多少錢我都不在乎。」說完，提著錢袋開車出去。

林警官也查出發話位置了：「又是公用電話，不過這次是在我們這一區撥出。」

李雄自信滿滿的說：「歹徒已經來到附近等候取款了，絕不會讓他溜走的。」說完，李雄急忙招呼明雪和明安上車，緊跟在歐爸爸的車子後方行駛。另一名年輕的胡警員騎上機車，故意落後一個路口。

明雪在車上問明安說：「弟，你記得之前爸帶我們到陽明山觀賞繡球花時，你問了什麼問題嗎？」

明安點點頭，記得當時看到五彩繽紛的繡球花，有紅色、紫色和藍色。他出於好奇，就問了農場主人，不同顏色的繡球花是因為品種不一樣嗎？

農場主人很得意的說：「不，這些繡球花品種完全相同。繡球花會因為土壤的酸鹼性不同，而呈現不同顏色。所以我在栽培繡球花時，故意在不同區塊的泥土裡撒下不同的添加物，例如石灰、咖啡渣、蛋殼和果皮等。這樣一來，土壤的酸鹼性不同，開出來的花就各有不同的顏色！」

當時明安興奮的說：「我如果買花回去，每一朵分別浸在不同酸鹼性的水中，就會變成不同顏色嗎？」

農場主人搖搖頭說：「我們沒有這樣做過，花的顏色可不像實驗室的石蕊試紙說變色就變色。根據我的經驗，大約要在改變土壤性質一年後，才會看到明顯的變色。」

這時候，李雄懷疑的問：「不會吧？現在這麼緊張的時刻，你們兩個還有閒情逸致談論花的顏色？」

明雪說：「當然不是，你沒注意到歹徒提供的照片中，麗拉捧的那束繡球花是藍色的嗎？我在想，這能提供我們什麼線索？」

李雄不以為然說：「同一家農場能種出不同顏色的繡球花，這種線索就不太有用，對不對？歹徒給麗拉花束，一方面是為了緩和她的情緒，另一方面也做為歐爸爸付錢的信物。」

這時候，歐爸爸的車來到一座橋上，由於橋下是狹窄的自行車道，所以歐爸爸毫不遲疑的開上橋，李雄也緊跟上去。歐爸爸很快就看到橋上欄杆處放了一束藍色的繡球花，他不敢怠慢，趕快停車，提著錢袋，走到花束旁邊。

花束上貼了一張字條，寫著：把錢扔到橋下去。

歐爸爸只能依照指示，把裝錢的袋子往橋下丟。

李雄慘叫一聲，也跟著停車：「原來歹徒要在橋下取錢，我們的汽車在橋上無法迴轉。胡警員，不要上橋，到橋下逮人。」

明雪和明安急忙下車，跑到欄杆邊。只見橋下自行車道跑出一個白白胖胖的中年人，撿了錢袋，跳上腳踏車，迅速騎走了。

明安興奮的喊道：「這個人的體型和我昨天看到的歹徒很相似。」

胡警員的機車很快進入自行車道，車內無線電裡傳來胡警員的呼叫：「組長，我到了，請問要不要立即逮捕犯嫌？」

「逮捕。」

胡警員的機車迅速追上中年男子，大聲叫歹徒停車。但是歹徒反而愈騎愈快，結果撞到路邊一顆大石頭，整個人飛起來，越過把手，重重摔在地面，一動也不動。胡警員由機車上跳下來，壓在歹徒身上，拿出手銬來想將他上銬。

不料，胡警員卻透過無線電，不安的說：「組長，不對勁，犯嫌斷氣了。」

「啊？怎麼會這樣？」所有人都面面相覷。

歐爸爸擔心的是線索斷了，怎麼解救麗拉？胡警員則害怕自己會因此惹上官司，畢竟不久前才有警察因為開槍制止歹徒開車衝撞民眾而被法官判刑。

李雄安慰他說：「別怕，我已經呼叫救護車了，說不定還救得回來。你是在我指揮之下進行逮捕的，一切合法，有責任我來扛。何況他是自行摔倒，你別擔心。」

救護車很快就趕到了，但是防護員在檢查歹徒的生命跡象後說：「沒救了，

麗拉……
你一定要平安無事啊！
藍色的繡球花！
內閣改組
把錢扔到橋下去
丟下
啊！
原來歹徒要在橋下取錢，
我們的汽車在橋上無法迴轉。
胡警員，不要上橋，到橋下逮人。
停車

不必送醫院。」

李雄交代胡警員：「搜他的口袋，看看有沒有證件或手機。」

結果什麼也沒有。

李雄果決的說：「現在最重要的是，能否從他身上查出藏匿麗拉之處。馬上把歹徒遺體送去鑑識科給張倩化驗，看能不能查出蛛絲馬跡。提醒張倩動作要快，七點之前若不能找到人，麗拉會有危險。」防護人員立即答應用救護車協助運送遺體至化驗室。

歐爸爸雖然拿回錢袋，但是心中因掛念麗拉的安全，感到身心俱疲，就決定先回飯店休息，等候警方消息。明雪和明安對接下來的追查工作有興趣，就搭李雄的車回到警局。臨上車前，明雪先為欄杆上的花束拍照，然後一起帶走。

李雄點點頭：「我差點忘了，現在這束花也成了證據。」

到了鑑識科，張倩已經在裡面進行採證工作。她先取得歹徒的指紋，查詢電腦資料庫，發現他名叫祝宏毓，是個前科累累的罪犯，三個月前才剛出獄。接著她用電腦斷層攝影檢查遺體後，發現他頸部與胸部脊椎有多處骨折。

她說：「死亡原因是頸椎粉碎，造成脊髓損傷。我懷疑他有關節黏連性脊椎炎。李組長，你去查一下他的病歷，看看我判斷的對不對。」

李雄立刻交代屬下去查祝宏毓的病歷和當初坐牢時認識了哪些人。

明雪拿出花束，著急的說：「查病歷只能證明他的死因，現在最重要的是要找出麗拉藏身之處。這些花呈現藍色，一定是它的土壤性質造成的，說不定我們能由此追蹤出麗拉的藏身之處。」

張倩解開包著花束的紙，觀察它的根部：「嗯，上面還留有泥土，可能是歹徒自己摘的，而不是買的！這就很有參考價值了，我摘一片花瓣和這些泥土去化驗看看。」

這時候，爸爸也趕到化驗室：「你們兩個小孩都沒回家，媽媽要我來看一下，現在情況怎麼樣？」

聽完明雪的描述後，爸爸對張倩說：「分析項目請把鋁的濃度也考慮進去。」張倩點點頭就進實驗室去工作了。

明安問：「不是酸鹼性的問題嗎？怎麼要分析鋁的濃度呢？」

爸爸說：「表面上看起來是酸鹼性的問題，但是其實是鋁的問題。唯有土壤夠酸，鋁才能進入根部，運送到整株繡球花，進而影響花的顏色。」

明雪說：「這麼神奇！這原理，我猜應該是在中性或弱鹼性的情況下，鋁離子會形成氫氧化鋁沉澱，難溶於水，當然就無法進入根部。在酸性的情況下，水中氫氧離子少，鋁離子不會沉澱，因此可以溶於水並進入根部。」

爸爸很高興的說：「答對了。我再考考你，地殼中含量最多的金屬是什麼？」

「鋁！」明雪大聲回答，化學老師一再提到地殼中含量最多的四種元素，依次為氧、矽、鋁和鐵。前兩種元素是非金屬，所以鋁是排名第一的金屬。

「嗯，鋁在地殼中含量約為百分之七，如果換算為百萬分點濃度就是……」

「七萬ppm。」明雪搶著回答：「太可怕了吧！」

「幸好，鋁在中性和弱鹼性的情況下都難溶於水，真正進入植物的鋁不會太多。根據實驗，當pH小於五時，土壤中鋁的濃度會急速上升。」

爸爸又說：「因此有些園藝專家乾脆直接在土壤裡添加硫酸鋁，因為這樣可以同時降低土壤的pH值和增加鋁離子濃度，更有效的把繡球花變成藍色。」

剛好張倩已完成分析工作：「這些花瓣的鋁離子高達五百ppm。」

這時候，林警官報告說：「祝宏毓確實有關節黏連性脊椎炎的病史，而他在獄中與一個名叫張章遠的人關在同間一牢房，這個人也是半年前才出獄，老家在臺南市官田區，是開農場的。」

明雪上網查了一下，果然官田區有一家製造硫酸鋁的化工廠。她看著牆上的鐘，焦急的說：「歹徒第一通電話是在臺南打的，加上照片背後寫著，在七點以前取錢的人必須回去。推算起來，臺南都是合理的藏身地點。快點！李叔叔，立刻通知臺南警方到張章遠家的農場救人。」

不久之後，傳來好消息。臺南警方在張章遠家的農場救出麗拉，張章遠就是明安目擊的捲髮歹徒，而製造硫酸鋁的化工廠就在農場旁。農場使用工廠排出的廢水灌溉繡球花，所以種出來的花都成了藍色。

科學破案知識庫

因為在中性或弱鹼性的情況下，鋁離子（Al^{3+}）會形成氫氧化鋁沉澱，所以無法被根吸收。繡球花中的花青素呈紅色，其結構如圖 1 所示，注意它現在是帶正電。

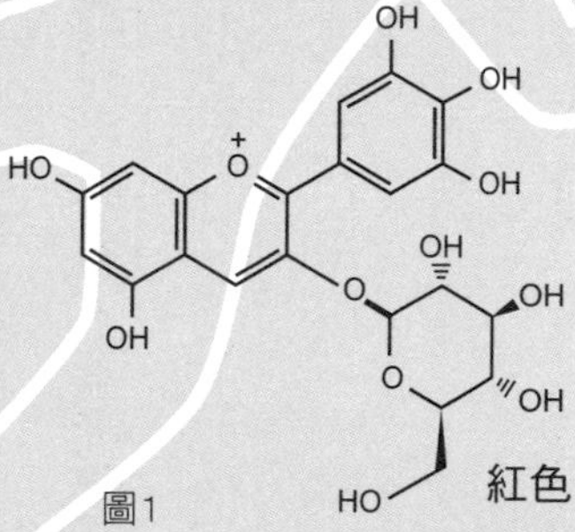

圖1

在酸性土壤中，鋁離子就可以溶於水了，刺激繡球花的根部釋出檸檬酸根，與鋁離子形成錯離子。這種錯離子進入根部，進而分散到整株植物。進入花瓣的鋁離子與花青素作用，形成錯離子，變成藍色，如圖 2。仔細看，就會看出現在這個形式的花青素已經變成帶負電，因為它丟掉兩個 H^+。不但如此，本來圖 1 中紅色的花青素還會翻個身，疊在圖 2 的結構上，正負電荷間發生電荷移轉的交互作用，也就是說，電子在兩個結構間跳動。這個作用，使結構變安定，吸收的光往長波長移動，連原來紅色的結構也變成藍色。

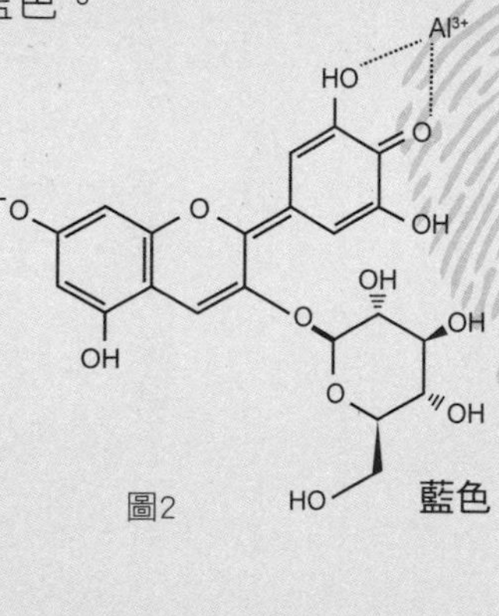

圖2

案件 8

迷人奪目玻色紫

今年元宵節爸爸建議提前兩天到關渡宮賞花燈，大家當然全票通過。本來昨天還是個大晴天，想不到賞花的今天中午突然下起雨來。不過，依爸爸的個性，決定好的事就不輕易更改，所以一家人仍然照原訂時間出發了。

廟裡今年多了互動式的花燈……嗯，其實已經創新到看不見花燈了，而是用燈光把圖案打在牆上或地上。只要參觀者做出一個動作，畫面就會改變。

觀賞完花燈後，大家走回停車場，準備離開。

這時爸爸提議：「既然來到這裡，我們乾脆到藝術大學走走。我爬關渡山時必須經過這裡，風景很美喔！有時候還有一些藝術表演或展覽可看呢！」

說也奇怪，車子一進入藝術大學，雨就停了。明雪和明安發現校園裡竟然有牛，還有一大片草地，便開心的在草地上奔跑。也有許多家長帶著小朋友到這裡玩，甚至有推著娃娃車來的。

他們繞到美術館時，發現今天有開放，便進去逛逛。本次展覽的是玻璃藝術，其中有一件抽象的雕塑最引起他們的注意——那是由好幾層五顏六色的玻璃拼製成人形的塑像，彩色玻璃光彩奪目，令人看得目不轉睛。

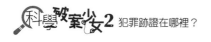

很多藝術家都會在作品中留下類似簽名的符號，例如國際知名畫家達利，他的畫中常常出現扭曲的時鐘；國內某位資深畫家某一時期的畫作中常常出現牛的頭骨；另一位專門畫馬的女畫家，她的畫中一定藏有蘋果，她還要觀眾去找。今天展出的這位藝術家，他的所有作品底下都鋪滿彩色玻璃碎片，這使得作品好像是從彩色的土壤中長出來似的。

明安問：「我們平常看到的玻璃都是透明無色的，為什麼這位藝術家可以把玻璃變出這麼多種顏色？」

爸爸只要一有機會，就會上起化學課：「玻璃是混合物，其中含量最多的成分是二氧化矽、氧化鈉和氧化鈣，所以普通的玻璃又稱為鈉鈣玻璃，這些成分都沒有顏色，所以照道理說，玻璃應該是無色的。可是玻璃的雜質中往往含有氧化鐵（Ⅱ），所以玻璃略帶綠色，下次你看到比較厚的玻璃時，可以看看它的側面，通常會呈現綠色，就是這個道理。」

明安聽了立刻皺眉，但是爸爸不予理會，繼續滔滔不絕的說：「加入少量含鈷的化合物，就可以使玻璃呈現藍色。最妙的是錳，如果只加少量的錳到玻璃中，可以抵消鐵造成的綠色，但是如果錳的濃度加大的話，又會使玻璃呈現紫色。」

這時候，連媽媽也受不了了：「好了，別顧著講課，該找家餐廳吃晚餐了。」

「啊！這你放心，學校裡附設了好幾家餐廳，其中有兩家比較高級，我們就到其中一家去用餐吧！」

用餐時，因為明雪對玻璃的顏色比較有興趣，因此又向爸爸提問：「所以，玻璃藝術品能有各種不同顏色是因為添加了不同的化合物所造成的？」

「對，」這下子又引起爸爸的興趣了：「我剛才的話還沒說完呢！為了抵消鐵的綠色，玻璃中加入的是黑色的二氧化錳。但是照到日光後，紫外線會慢慢把它變成紫色的過錳酸根，由於這種製玻璃的方法大約在三百年前就中斷了，所以現在紫色的玻璃，往往被視為骨董。我曾經看過拍賣網站上，一個紫色的玻璃杯，售出的價格是十萬元。」

「哇！」一個玻璃杯能賣到這麼高的價格，明雪和明安都驚呼不已。

「噓！」媽媽指了指隔壁桌：「別吵到小朋友了。」

隔壁桌是一個年輕的媽媽在用餐，桌子旁有一部嬰兒推車，有個小嬰兒正熟睡著。

這一餐飯吃到八點多，付完帳，他們要離開時，正好那位年輕的媽媽也推著嬰兒車要離開，因為推車下階梯不方便，服務生還使用升降梯把嬰兒車送到階梯下去。

爸爸走到車子旁邊，正要掏出鑰匙開車門，這時候一輛高速行駛的白色汽車從校內坡度較高的地方衝下來，把推著嬰兒車的年輕媽媽撞飛了，嬰兒車也倒向路邊。撞了人的白車完全沒有減速，繼續朝大門衝。警衛室裡的值班校警衝出來，雙手張開，站在柵欄前要阻止。但是白車仍然加速往前衝，迫使校警在最後一秒跳開，白車撞斷柵欄後，左轉往山下逃逸而去。

明雪急忙跑去傾倒的嬰兒車旁察看，小嬰兒因為受到驚嚇而大哭，明雪急忙使用手機的手電筒功能，察看嬰兒的傷勢，他身上沒有血跡，但是後腦勺有一處隆起，摸起來硬硬的：「該不會是內出血吧？」

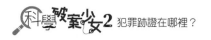

媽媽也趕緊察看倒地的年輕媽媽，她緊張的說：「她昏迷了，快叫救護車。」

明安則跑到柵欄邊，校警伸手制止他說：「別靠近，這是刑案現場，未經採證之前，不要破壞證據。」

校警說：「不只如此，這名逃逸的歹徒，還偷走了美術館展出的藝術作品，我是收到警報器的訊號才出來攔截他的，沒想到還是被他跑掉。」

救護車很快來把受傷的母子載走。刑警李雄和鑑識科的張倩也來到現場，明雪和明安目睹案發經過，發誓絕對不能饒過這名歹徒，所以決定留在現場幫忙，請爸媽先開車回家。為了蒐證，出口的車道已經被封鎖，所以爸爸在校警指揮之下，由入口的車道離開了。

因為有車禍和竊盜兩個犯罪現場，為了爭取時效，張倩決定把車禍現場的蒐證交給明雪和明安：「照我以前教你們的方法蒐集所有可疑的證物。」

李雄和張倩則在校方引導下，進入美術館調查。

明雪和明安在車禍現場找到了那位年輕媽媽的耳環、手錶和眼鏡。接著他們再到被撞壞的柵欄處蒐證，發現柵欄斷裂處黏了一些白漆，可能是撞擊瞬間由白車上刮下來的。柵欄底下還有一些玻璃碎片，明雪和明安都依照張倩教導的程序，先拍照，再一一收進證物袋中。忙完了之後，他們匆匆趕到美術館。

張倩正蹲在碎裂的落地窗前，見他們來了，就說：「不要太靠近，我正在觀察這些玻璃碎片的落點。」

「喔！由玻璃的落點可以知道哪些資訊呢？」明安好奇的問。

「你們看，室內的玻璃碎片多於室外，表示這是竊賊強行打破落地窗，進入屋內；如果室外的玻璃碎片多於室內，表示這是內部職員監守自盜，由內部向外

哇哇哇哇ㄇㄇ
嗚哇
後腦勺有一處隆起，摸起來硬硬的。
該不會是內出血吧？
她昏迷了，快叫救護車。

打破落地窗，製造竊賊入侵的假像。」

美術館人員清點完館內藝術品後，向李雄申報：「遺失彩色玻璃人形塑像一座，可能被竊賊用車載走了。」

正是明雪一家人最喜歡的那件作品。

李雄說：「照校門口監視器拍到的畫面來看，竊賊的車牌早已拆除，無法辨認。以明雪和明安蒐集到的證據來看，竊賊的車在撞到柵欄時，車燈破碎，漆也脫落，他勢必會回到修車場修理，我會通報全市各派出所警員到轄區修車廠查訪，遇有要修車燈或烤漆的車就追查。」

目前也只能這樣，張倩急著回實驗室分析證物，於是明雪和明安就走路到關渡捷運站搭車回家。

第二天要上學，明雪和明安只能乖乖到學校上課，等到放學回家吃晚餐時，姊弟倆又聊起這個案子。

「不知道那位受傷的媽媽清醒了沒有？」

「那名小嬰兒看起來才幾個月大，頭上被撞出一個包，更令人擔心。」

媽媽看他們食不下嚥的模樣，又好氣又好笑，就說：「你們專心吃飯，飯後再打電話問張倩阿姨不就好了？」

於是姊弟倆趕忙扒完碗裡的飯，就打電話給張倩。

張倩笑著說：「活人不會送到我這裡來，根據消防隊的紀錄，他們是送到榮總喔！」

「嗯，我們想知道他們的傷勢嚴重嗎？」因為傷者的傷勢嚴重程度會影響將來罪犯的刑責，而且有些證物必須還給當事人，所以警方必須掌握當事人的正確資訊。

「媽媽已經清醒了，小嬰兒也沒事。」

「沒事？我明明摸到他的後腦勺腫了一大塊，怎麼會沒事？」明雪感到難以置信。

「哈！」張倩笑著說：「不只你緊張，急診室的醫師也很緊張，媽媽昏迷，嬰兒又不會說話，當然認定是車禍造成的。不過經過詳細檢查，發現是頭血腫。」

「頭血腫？頭部出血又腫起來，那還不可怕嗎？」

「不要擔心，出血部位僅限於頭顱和骨膜之間，不會壓迫到腦部，所以不必擔心。新生兒發生頭血腫，通常是生產時頭部受到擠壓而造成的，大多數的病例在出生數週或數月之後就會自然消失。」

「所以與車禍無關？」

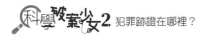

「是的，很幸運的，嬰兒並未因車禍而受傷。但是嫌犯仍然因竊盜和肇事逃逸而被警方追緝中，校方也決定要求他賠償造成的損壞。」

明安問：「那警方的追查有進展嗎？」

「沒有，目前對修車廠的查訪還在進行中，但是嫌犯好像沒有把車子送修。」

掛上電話之後，明雪和明安決定去探望被竊賊撞傷的母子。除了表示關心之外，也可以問問她在被撞前一瞬間，有沒有看清竊賊的特徵。

出了石牌捷運站之後，他們才想起，來探望病人卻忘了買禮物。

明雪提議說：「附近有菜市場，裡面有一間很大的水果行，到那邊買水果應該很便宜。」

於是他們拐進巷子裡，可是晚上的菜市場黑漆漆的，只有少數賣宵夜的商店還在營業，前方有一盞車燈快速向他們靠近，看來是一輛摩托車，姊弟倆稍微向右靠，要讓車子過，但是當燈光更靠近時，他們才發現那是一輛汽車，只是車頭左側的大燈不亮，讓他們誤以為是摩托車。他們趕緊向右跳開，車子的側面幾乎擦撞到他們，但是駕駛卻沒有減速，而是繼續向前疾駛。

驚魂未定之餘，明雪問：「是白車，你看到了嗎？」

明安篤定的說：「車型也符合，而且這一次我看清車牌號碼了。」

姊弟倆急忙用手機把車號報給李雄，李雄用電腦查出車主地址：「就在北投區，而且車主有竊盜前科，我馬上申請搜索票。」

明雪說：「既然在附近，我們也去瞧瞧，探望病人的事延到明天再說。」

於是他們依李雄所說的地址趕到嫌犯住家附近，不久李雄就率領張倩及多名警員趕到了，在出示搜索令之後，警員進入屋內搜索，但是屋內擺設簡單，看不到那件被竊的藝術品。

嫌犯是個頭髮稀疏的矮胖中年男子，他凶巴巴的說：「車燈壞掉也不是什麼大罪，你們居然大陣仗的來搜索，我一定要找律師告你們。」

張倩不發一語的對白車採證，她指著烤漆脫落的地方說：「我要刮一些漆回去分析，和現場柵欄採到的漆比對。漆的底下還有底漆，成分包括樹脂、添加劑和塑膠，除非是同一廠牌同一批調配的漆，否則成分不會完全一樣。」

接著她又說：「看來，你的車子已經洗過了，贓物也藏到別的地方去，你一定自認這樣警方就查不到證據。但是你錯了，你看，你洗車時大概沒想到破碎的玻璃仍然藏在燈框及保險桿的縫裡，這些我也會取回去和現場的證物比對。」她一邊說，一邊用鑷子夾起碎片給嫌犯看。

接著，她在地上鋪一張白紙，打開後車門，把腳踏墊拿出來，在紙上面用力抖動，結果掉出幾片彩色玻璃碎片。

「我相信這些碎片是來自被偷的藝術品，這一位藝術家在很多作品中都使用了同樣的彩色玻璃碎片，我只要取回實驗室做元素分析，就可以知道你車上這些彩色玻璃碎片是不是這位藝術家燒製出來的。」

眼見證據確鑿，嫌犯只好坦誠藝術品是他偷的，也供出藏匿贓物的地點：「我只是喜歡那件藝術品，才起了歹念，偷到手後，急於脫離現場才會撞到人，我不是故意的。」

李雄將他上銬時說：「喜歡的東西要用錢買，不能用偷的。你的行為已經違法，必須接受法律的制裁。」

科學破案知識庫

要使玻璃呈現不同顏色的方法很多，最簡單的方法就是加入金屬離子，例如添加少量氧化銅會使玻璃呈現藍綠色；如果添加鎳，隨著濃度不同，玻璃可能呈現藍、紫或黑色。考古學家發現，埃及人在十八王朝（約西元前一五五〇至一二九二年）就懂得用含錳的離子化合物修飾玻璃的顏色了。

如果讓金屬離子在玻璃中發生變化，則可以讓玻璃變色。例如含二氧化錳的玻璃，會在長期照射紫外線之後，慢慢變成紫色。現代的光致變色眼鏡，則是在玻璃片中摻雜了銀的鹵化物，當鏡片照到陽光時，會產生奈米級銀原子，鏡片就變成黑色，保護眼睛免受紫外線傷害；回到室內時，銀原子又再度變回鹵化物，鏡片恢復透明。

案件 9

「硫」住一片金

星期六中午，一家人難得聚在一起吃午餐。飯後，其他人都到客廳看電視新聞，只有媽媽一個人留在廚房洗碗盤。

可是，不久之後，媽媽就向爸爸求救了：「流理臺的水管不通，你來看看，該怎麼辦？」

前幾天媽媽就抱怨過，流理臺的水槽排水愈來愈慢，可能是被飯菜的殘渣堵住了。可是爸爸一方面忙，一方面懶，並沒有馬上處理，今天排水孔終於完全堵住，洗過碗盤的汙水注滿水槽，幾乎要溢出來了，水面上還浮著幾片菜渣。

媽媽忍不住抱怨：「前幾天還沒完全堵住時就告訴你了，偏不肯處理。」

爸爸自知理虧，不敢答話，立刻去找工具來處理。通常，如果是馬桶，他會用橡皮唧筒套住排水孔，壓緊再放開，利用大氣壓力打通堵住的地方。至於地面排水孔，他通常會用一條有彈性的金屬通條伸進孔中，把堵住的地方打通。但是今天爸爸試了這兩種方法，仍然無法疏通水管。他急得滿頭大汗，水面依然沒有下降。

「怎麼辦？我碗還沒有洗完呢！」媽媽望著洗了一半的碗盤發愁。

「物理的方法不行，就用化學的方法吧！」爸爸還是決定用他最熟悉的方法解決問題：「明雪，到大賣場去買一瓶水管疏通劑。」

明雪立刻拿了微波爐上的零錢就往外走。

明安也把電視關了：「姊，我跟你一起去，電視新聞太無聊了，都是拿行車記錄器的畫面來充數。」

到了大賣場，明雪很快找到了水管疏通劑，姊弟倆買好了東西就往回家的路上走。

不久，他們經過一條單行道的巷子口，一輛黑色轎車正停在巷內等待紅綠燈。在他們準備越過巷口時，卻看到兩個戴著白色帽子、黑色口罩和棉布手套的人由巷子裡跑出來，跑進汽車與牆面之間狹縫。走在後面那個人看起來體型較小，帽子下露出捲髮，似乎是一名女性，她突然從外套裡取出一把鐵鎚，猛力敲碎汽車後座玻璃，發出轟然巨響。

明雪和明安嚇了一大跳，沒想到走在前面的男子同時掏出一把刀子，向他們揮舞著：「別管閒事，快走開。」

姊弟倆被這景象嚇呆了，兩人的腳好像黏在地上，完全無法移動。只見那女子伸手進入車窗內抓出一只黑色皮箱，隨即和男子一起轉身往巷內逃逸。

這時黑色轎車的司機回頭問後座的乘客：「經理，你有沒有受傷？」

後座乘客回答道：「我沒事，但是金冠被搶走了，快去追回來。」

什麼金冠？明雪不懂，不過她確定這是嚴重的治安事件，所以她毫不遲疑的拿起手機，向警方報案。

轎車司機遵照經理指示，急忙下車往巷子裡追，明安也跟在他後面跑，幾分鐘後，兩人氣喘吁吁的走了回來。

明安搖著頭說：「我們跑到巷子的另一頭，已經看不到那兩個人了，可能混入人群逃走了。」

這時候刑警李雄帶著大批警員趕到現場，鑑識專家張倩也到場蒐證。明雪向李雄簡單說明案發經過：「歹徒戴著寬簷帽及口罩，無法辨識面孔。手上戴著手套，應該也沒有留下指紋。」

李雄指示警員分頭訪問附近店家，看看有沒有其他人看清歹徒的面孔或行蹤。經理、司機和明雪、明安則都被帶到警局去做筆錄。

到了警局，這位經理他自稱姓葉，是金冠科技公司的經理：「因為本公司的名稱叫金冠，最近業務又不錯，我就想打造一頂金冠，放在本公司展示櫥窗，吸引媒體報導，打響公司名號，所以重金禮聘金雕藝術家游雅雯女士為我們設計並打造了一頂金冠，今天是取件的日子……」

李雄打岔問道：「藝術家就住在那條巷子裡嗎？」

「是，經理指示我直接開進巷子裡，他下車進入屋子，很快就取件出來了，沒想到在巷子口遇到打劫。」司機代為表示。

李雄問：「你們是提現金去取件嗎？」

經理笑著說：「怎麼可能！整頂金冠是純金打造，光是材料費就是一筆很大的數目，加上藝術家的酬勞，更是所費不貲。我們是分三次付款，簽約時付三分之一，製作到一半時又給三分之一，今天我又付了最後三分之一，都是用支票給付的，沒有現金。」

李雄點點頭：「我是在想，如果歹徒要的是錢，為什麼不搶現金，而要搶金冠？看來歹徒對你們付款的情形很熟悉，知道沒有現金。」

這時候，張倩已經蒐證完畢，回到警局，她證實歹徒沒有留下指紋。在附近查訪的警員也回報，沒有人看到歹徒的面貌與逃逸路線。

明雪說：「我覺得歹徒對作案地點也很熟悉，他知道那條巷子串接兩條幹道。紅綠燈的秒數是依照車流量規畫的。車流多的方向，綠燈時間長；車流少的方向，綠燈時間短。在警車還沒抵達之前，我就測量了兩邊綠燈的秒數。幹道這邊是九十秒，而巷子裡的車子要出來，綠燈只有十秒。換句話說，由巷子裡開出來的車，有百分之九十的機率會碰到紅燈。而且巷子裡人少，不會有人阻攔他們脫逃，而巷子另一邊通往另一條大馬路，只要跑到那一頭就很容易混入人群。歹徒選在這裡下手，表示他們事先勘察過地形。」
李雄點點頭，表示認同：「接下來，我們就從金冠科技公司和藝術工坊兩家員工和往來的客戶查起。」
這時候，明雪的手機響了，螢幕顯示是媽媽打來的：「糟糕！我忘了我們是出來買水管疏通劑的。」
姊弟倆急忙起身離開，臨走前明安不忘拜託李雄：「如果案情有了進展，別忘了通知我們喲！」
李雄笑著點點頭：「好，你們是目擊證人呢！」

姊弟倆跑回家裡，先向媽媽解釋路上遇到的劫案。

爸爸接過水管疏通劑就開始工作，他先把水槽裡的汙水用勺子撈乾，然後打開水管疏通劑，全部倒進排水孔。排水孔裡不斷冒出白煙，並發出咕嚕咕嚕的聲音，這可怕的聲響吸引了姊弟倆的注意。

明安跑過來問：「為什麼會這樣呢？」

明雪說：「我在購買時就閱讀了它標示的成分，裡面有鋁片和氫氧化鈉。氫氧化鈉遇到水，會產生鹼性溶液，而鋁是兩性元素，遇到強鹼，會反應生成氫氣，同時放出大量的熱。所以這些煙應該是水蒸氣，咕嚕咕嚕的聲音是氫氣的氣泡生成時發出的聲音。」

明安說：「我又不想上化學課，我只想知道，為什麼這樣就可以把堵住的水管打通？」

明雪說：「我猜熱量和氣體都可以把堵住的東西推開，另一方面，鹼對溶解脂肪很有效，流理臺的水管裡一定有很多凝固的脂肪，如果能把脂肪溶掉，水管就通了。」

爸爸點點頭，贊許的說：「解釋的很好。」

接著爸爸裝了一壺水，放在瓦斯爐上燒。

一段時間後，爸爸看看牆上的時鐘：「半小時了，我們來看看通了沒。」

說著，他把整壺滾燙的水倒入水槽中，熱水一下子流入排水孔，沒有再堵住了。接著爸爸打開水龍頭，把流速開到最大，水仍然很順暢的流入排水孔，沒有任何滯礙。

「好了，解決了。」

明安又問：「我聽人家說硫酸的腐蝕性很強，爸爸，為什麼不乾脆倒硫酸進去？」

明雪皺著眉說：「太危險了吧！硫酸碰到水會大量放熱，萬一沒處理好，飛濺出來噴到人，可能會失明或毀容。」

爸爸說：「直接使用實驗室的濃硫酸確實太危險了，不過，美國確實有幾個品牌的水管疏通劑，其中主要成分就是硫酸。因為硫酸對大多數有機物——例如油脂、布和毛髮等——都有很好的腐蝕能力，因此可以作為水管疏通劑。」

明雪仍然覺得難以置信：「但是硫酸腐蝕性太強了，恐怕連水槽都會被腐蝕掉吧！」

明安一聽也咋舌道：「太可怕了，我不敢用。」

爸爸說：「確實很危險，所以他們一再強調使用前要詳細閱讀說明書。雖然它的主要成分是硫酸，但是還加了一些其他成分，例如水、抑制劑及界面活性劑，讓原本透明無色的硫酸，使其顏色發生變化，以達到警示作用。」

明雪總算接受了：「但是為什麼要加抑制劑及界面活性劑呢？」

「為了解決你所提出的問題呀！這些額外加進去的抑制劑和界面活性劑可以保護金屬和混凝土，避免被硫酸腐蝕掉。」

第二天是星期天，一大早李雄就打電話來：「我們要到搶案嫌犯家中搜索，你們可以以目擊證人的身分提供協助嗎？」

姊弟倆當然要參加，便向李雄要了地址，兩人自行搭車前往。那是一棟日式的老房子，屋前有個庭院。

李雄先向姊弟倆說明：「我們清查金冠公司員工和藝術家的背景，發現葉經理與人有債務糾紛，其中有一名債權人名叫劉淇峰，正好在幾天前帶著太太到金冠公司要錢，當時有聽到葉經理和游雅雯約定取貨日期。我們又查到他們夫妻倆昨天下午外出，鄰居也看到他們回家時帶回了一個紙箱。我知道金冠被搶奪時是裝在黑色皮箱裡，但是要換箱子是很容易的事，所以，我向檢察官申請到搜索票，現在請你們看看他們夫妻倆的身材和你們昨天看到的搶匪像不像？」

劉淇峰夫妻就站在自家庭院怒氣沖沖的看著警察，明雪和明安仔細的端詳了他們兩人後說：「身材是符合，太太的捲髮也像女搶匪帽子下露出來的髮型，但是因為歹徒戴帽子及口罩，說實話，我們不敢確定。」

李雄指揮員警展開搜索，但是就是找不到金冠，連帽子和口罩也沒找到，李雄頓時感到束手無策。

明安悄悄的對李雄說：「李叔叔，你看他們夫妻倆站的那塊水泥地顏色與旁邊的水泥顏色不相同。」

這時，李雄才注意到這個屋子前的庭院是水泥地，地上本有一些泥漬，顏色也顯得斑駁，只有他們夫妻腳下那一塊，顏色最淡，又異常乾淨，顯然剛砌好不久。

「真狡滑，難怪我們什麼都搜不到。」於是李雄請他們夫妻後退，他要挖開那塊水泥。

劉淇峰非常生氣：「我已經聯絡律師，你們再胡鬧，我一定控告你們。」

明雪建議李雄：「不用急著開挖，先用金屬探測器檢查，看看底下有沒有金屬，如果金冠在底下，一定有反應，到時候再開挖不遲。」

李雄認同明雪這個聰明的建議，立刻聯絡鑑識組帶來金屬探測器。不久，張倩就趕到，用金屬探測器一檢查，果然響個不停，而且可以精確測出金屬所在的位置與大小。

這時候，劉淇峰夫妻的氣焰全部消失，像鬥敗的公雞般垂頭喪氣。

葉經理聽到風聲也已趕來，除了指責劉淇峰外，還苦苦哀求警方：「你們開挖時千萬要小心啊！別傷到金冠，除了價錢貴之外，它是個藝術品，再花一次錢也未必能買到這麼漂亮的作品了。」

李雄皺著眉說：「不開挖，沒有證物，怎麼定嫌犯的罪？一敲下去，我哪能保證不傷到金冠？」

明雪胸有成竹的說：「沒問題，我們由金屬深測器的測試結果已經知道金冠所在的位置，我們挖大一點的面積，就不會傷到金冠，然後把包住金冠的整塊水泥帶回實驗室，請張倩阿姨用稀硫酸腐蝕掉水泥，留下來的就是完整的金冠了。因為金冠是用純金打造的，而金的活性小，不會被硫酸腐蝕。」

李雄半信半疑的望向張倩，張倩點點頭，表示這個方法可行。

李雄對明雪和明安豎起大拇指說：「幸好今天有你們一起同行，雖然無法指認嫌犯，但是明安靠著敏銳的觀察力，發現嫌犯腳下的水泥是新砌的，而明雪憑著科學知識，建議我們用金屬探測器找出金冠的位置，並用硫酸腐蝕掉水泥，以保留完整的金冠。謝謝兩位小偵探，以後還要常常找你們幫忙喔！」

科學破案知識庫

硫酸是一種強酸，有脫水性。如果你把一顆方糖，中間挖個小洞，在洞裡滴上一滴水，然後再滴入濃硫酸，洞中就會冒出一團黑碳。因為醣是碳水化合物，也就是說醣類都含有碳、氫、氧三種元素，且其中氫、氧的原子數比為 2:1，恰好是水的比例，醣類接觸到硫酸時，氫、氧的原子會以 2:1 的比例被硫酸脫去，留下黑色的碳。紙和棉、麻等布料的成分都屬於醣類，遇到硫酸會變黑。用硫酸製成的水管疏通劑就是這樣打通水管的，但是硫酸的腐蝕性極強，一般消費者如果沒有足夠的化學知識，應該避免操作這麼危險的藥劑。

硫酸可以把大多數的金屬腐蝕掉，但是鉑、金等金屬因為活性小，不會被硫酸腐蝕。所以明雪想到用硫酸可以把水泥腐蝕掉，但是不會傷害到純金製造的藝術品。

案件 10

梵谷會診室

今天家裡收到一張邀請函。

「許盈雯阿姨又要開畫展了，她邀請我們參加開幕茶會。」明安拆開信封後興奮的大喊。

明安全家人會和畫家許盈雯熟識，是因為在某一次畫展中，許盈雯的傭人阿芳勾結歹徒搶劫畫作，幸好明雪發現可疑處，提醒警方跟蹤阿芳而破案，許盈雯因感激而送了他們一幅畫作。

明雪好奇的問：「上次許阿姨是到墨西哥旅行後開畫展，這次不曉得她到哪一國寫生？」

明安看了一下邀請函：「荷蘭。」

媽媽說：「荷蘭本身就出了許多傑出的畫家，像林布蘭、維梅爾和梵谷都是舉世聞名的大畫家。我猜許阿姨到荷蘭去的目的，除了寫生，應該也拜訪了很多畫家的故居，體會他們的生活。」

明安點點頭：「沒錯，這個星期六下午辦開幕茶會，星期天上午辦演講會，阿姨將會述說這次旅行的見聞，並介紹荷蘭知名畫家的畫作及畫風。」

爸爸問：「那我們去參加哪一場呢？」

明安篤定的說：「兩場都要參加。」

爸爸笑著說：「我就知道你會這麼說。」

星期六下午的開幕茶會來了不少人。開幕時，許阿姨先致詞，然後請她的老師江教授上臺致詞。江教授本身也是有名的畫家，看來已經七十幾歲了，但是精神抖擻，師母則微笑站在他身旁，兩人身體硬朗，氣質出眾。

典禮結束後是茶點時間，同時開放畫作供人觀賞。

會場提供了許多茶點，包括壽司、可頌和三明治，還有各式蛋糕、泡芙和餅乾，飲料則有茶、咖啡和雞尾酒。明安見阿姨被許多大人物圍著說話，不便前去打招呼，就專心吃著茶點。

明雪扯著他的耳朵，想把他拉向畫作時，他還依依不捨的看著桌上的美味餐點。

這次許阿姨展出的作品不只是風景畫，還有人物畫和靜物畫，都是以在荷蘭親眼所見的事物入畫。

媽媽在一幅標題為〈麥田〉的油畫前駐足許久，她喃喃的說：「這幅畫的取

咖啡

景和梵谷的畫作很相似，分明在向大師致敬啊！」

明安懷疑的問：「取景都一樣，這樣算不算抄襲啊？」

媽媽笑著說：「傻孩子，雖然主題和取景一樣，但是兩個人的畫風完全不同，怎麼會是抄襲呢？就像每個人上素描課時，都畫過維納斯的石膏像，但是每個人畫出來的都不同，能算抄襲嗎？」

明安搖搖頭。這時候明雪已經用手機上網查到梵谷畫的〈麥田群鴉〉了，她拿給弟弟看。明安仔細比對了梵谷和許阿姨兩人所畫的麥田，發現雖然取景相同，但是兩幅畫給人的感受截然不同。許阿姨的畫一向色彩鮮豔，天空的藍清澈開朗，小麥的綠青翠欲滴，整幅畫令人心曠神怡；而梵谷的畫裡，天空的藍陰暗鬱悶，線條雜亂，白雲也畫得髒兮兮的，而且由許多旋轉的線條構成，低空處又有一群黑鳥，一副暴風雨即將來襲，鳥兒倉皇逃命的景象。而麥田中除了小徑兩旁有綠色外，其餘都用黃色。

明雪記得〈星夜〉那幅畫也是充滿旋轉的線條，夜空的星星全都暈開成黃色的圓球，她不禁問道：「為什麼梵谷的畫有那麼多旋轉的線條？」

爸爸說：「有一種說法，認為梵谷患了梅尼爾氏症，這種病發作時，會覺得全世界都在旋轉。所以他的畫有許多旋轉線條，就像東西在旋轉一樣。這種病會造成耳鳴，所以他痛苦到割掉耳朵。後來發病的頻率愈來愈高，造成他選擇自殺。」

媽媽對爸爸的說法很不以為然：「每件藝術作品在你眼裡都變成是病態的成果。」

「真的有這種說法啊！」爸爸眼見畫家仍被許多媒體記者包圍著，就說：「不信你明天問許盈雯。」

星期天上午的演講是在美術館的演講廳舉行的，奇怪的是，來聽講的人很少，只有寥寥數人，和昨天熱鬧的場面大相逕庭。

「怎麼會這樣？」連許阿姨本人也沒在現場，令明安很失望。

這時候江教授走進演講廳，向大家解釋：「昨天晚餐時分，盈雯突然覺得食慾不振、噁心，不久之後開始嘔吐，並有心律不整的現象，被送到急診室，醫生懷疑是食物中毒，目前還在醫院觀察中，要等細菌培養的結果出來，才知道要用哪一類的藥物治療。她今早打電話給我，交代我在這場演講中代替她上臺，以免出席的聽眾白跑一場。雖然我沒有和她一起到荷蘭去，但是畢竟這些荷蘭畫家我也很熟，她希望你們能留下來聽講。」出席的聽眾議論紛紛，有人轉身就離開，有人選擇留下來聽講。

明安問：「我想聽講，也想到醫院探望阿姨，怎麼辦？」

爸爸說：「那就聽完再到醫院吧，如果是食物中毒，通常吐一吐就沒事了。」

明安困惑的說：「可是昨天茶會裡的點心，我也吃了不少，我就沒有食物中毒。」

爸爸回答說：「說不定受到細菌汙染的那些食物，你正好沒吃到，或吃得比較少。另一方面，就算吃到相同的食物，有些人免疫力比較好，就不會發作，免疫力差的人就發作了。」

江教授走上講臺，他先代許盈雯道歉，說明她不能親自出席的原因。接著他開始用投影片解說：「這些投影片都是盈雯給我的，演講的內容她在兩個禮拜前就和我討論過，我自信能忠實呈現她所想表達的意思。在我演講的過程，只要你們有任何問題，歡迎隨時提出來，我們一起討論。」

第一張打出來的投影片，就是兩張構圖相同，但意境相異的〈麥田〉，兩張畫擺在一起造成的對比，令人相當震撼。

江教授說：「畫家的畫作往往能表達他當時的健康狀況與心情。許盈雯的畫呈現出健康與開朗，而梵谷的畫則呈現出陰鬱與狂亂，那些旋轉的線條顯示他狂躁的一面，而一大群黑鳥又顯示他憂鬱的一面。這是他最後一幅畫，他在畫完這幅畫之後不久就自殺了，顯然他當時已經在崩潰邊緣。」

因為江教授說有問題可以隨時提出來，所以爸爸就大膽舉手發問：「有人說梵谷的畫中一再出現旋轉的線條是因為他患有梅尼爾氏症，請問您同意這個說法嗎？」

江教授說：「關於梵谷為什麼自殺，有很多種猜測。總之，梵谷有很多病，他的家族有精神疾病，他的兄弟姊妹中，包含他在內，共有四人有這方面的問題。也有人說他有梅尼爾氏症，不過並不能獲得所有醫學家的認同，畢竟那個時代沒有良好的病理檢驗，我們現代人也無法確定哪個說法才是對的，不過目前大多數專家都同意他服用了過量的毛地黃，因而中毒。」

「毛地黃？」許多聽眾都是第一次聽到這個名詞。

「毛地黃是植物的一屬，包括了二十幾個物種。來，我放一張幻燈片給你們看，這是梵谷畫作，題目為〈嘉舍醫師的畫像〉。」

畫面中是一名瘦削的男子，穿著黑衣服，右手托腮，左手扶在桌上，男子戴的帽子、頭髮、面容和桌子全都是黃色的，桌上放了一株植物。

江教授用雷射筆指向那株植物：「這就是紫色毛地黃。這幅畫是一八九〇年畫的，它的拍賣價是八千兩百五十萬美金，換算成臺幣大約是二十五億。嘉舍醫師是梵谷的醫生，這位醫生深信順勢療法，也就是說他認為會使健康的人產生症狀的物質，就可以用來治療病人。當時毛地黃被當成藥物——即使到了今天，毛地黃仍然是心臟科的用藥——在梵谷為嘉舍醫生畫的兩幅肖像中，都出現了毛地黃。毛地黃服用過量會中毒，症狀包括噁心、嘔吐，還有拉肚子。視覺也會失調，看到的東西都偏黃，而且看到的影像會模糊暈開。」

接著江教授放了〈星夜〉和〈梵谷自畫像〉兩張畫作的投影片，證明了他的畫全都偏黃，而且黃色會暈開。

演講完畢，會場又推出茶點。明安巡視了一番，搖搖頭說：「餐點的樣式跟昨天都一樣，令人沒胃口。」

這時外面走進來一男一女，兩人都穿著藍色背心，背後寫著「衛生局」字樣。他們拿出證件，表明身分後問：「誰是外燴公司的負責人？」

正在擺設食品的員工之中走出一人，是個頭髮雜亂的年輕男子：「我就是老闆。」

衛生局的稽查員說：「昨天參加開幕茶會的人之中，共有十三個人發生食物中毒的現象，其中很多人送到同一家醫院，醫院覺得事態嚴重，已經通報我們衛生局。我現在要來查扣你們公司的食品進行化驗，等一下也要到貴公司檢驗你們的廚具衛生及食品處理流程。」

老闆只能點頭。

衛生局的稽查員檢視食品之後說：「我們來之前，已經到醫院取得患者的檢體，也問過話了，知道你們昨天提供的餐點內容。怎麼今天的餐點和昨天一模一樣呢？你老實說，是不是把上次辦茶會剩下的東西，拿給昨天的客人吃？昨天剩下的餐點，今天又拿出來給今天的客人吃？」

老闆吞吞吐吐的說：「數量不足的，有補一些新的啦！大家都這樣做啊！一樣的價格，菜單都一樣啊！反正餅乾又不會那麼快壞掉。」

稽查官員生氣的說：「餅乾類當然沒問題，但是壽司和三明治都很容易壞掉，怎麼可以隔天之後，再拿給客人吃？」

老闆極力辯解：「我們只有餅乾會回收再提供給下一場茶會的客人，壽司和三明治絕對是當天現做的。」

稽查員又說：「我們化驗之後就知道了。無論是患者的檢體或貴公司的食品，我們都會進行細菌培養，再做比對。如果培養出來的菌一樣，那麼這次食物中毒事件，幾乎可以確定就是貴公司食品不新鮮所造成的。畢竟這十三個中毒的人全都參加了昨天的茶會，吃了貴公司製作的餐點。」

說完就把每樣食品都取一些作為檢驗的樣本，接著又隨老闆前往食品公司進行檢驗。

爸爸見演講廳的人都散去了，就說：「那我們到醫院去探望許阿姨吧！」

他們走進醫院時，許阿姨躺在病床上昏睡。身上綁了許多電線，監控著她的生命徵象。明雪注意到她的心跳次數每分鐘只有五十下，實在太慢了！許阿姨聽到有人進病房，虛弱的睜開眼睛看著他們。

媽媽急著說：「你別起來，好好休息。」

明雪見許阿姨面無表情，也許沒看清楚他們是誰，便湊上前去說：「阿姨，是我們啦！」

這下子許阿姨總算看清楚她的臉了，她虛弱的說：「對不起，我現在看東西有點模糊，一開始沒認出是你。不過，明雪啊，你別太用功，把身體搞壞了，看你臉色那麼蠟黃，讓你媽媽幫你補一補。」

明雪驚懼的後退幾步，幸好媽媽立即站上前去，拉著許阿姨的手，鼓勵她好好養病。

許阿姨還是說：「怎麼你的臉色跟你女兒一樣蠟黃？」

明雪不再遲疑，她立刻走出病房，到護理站說要找主治醫師。

一名年輕的男醫生由辦公桌走到櫃臺前說：「主治醫師不在，我是住院醫師，有什麼事？」

明雪問：「有沒有可能許阿姨不是食物中毒呢？而是有人在食物中下了毒，例如毛地黃，對不對？因為阿姨的症狀很像……」

「毛地黃？你稍等我一下，」醫師迅速調出因這次中毒而住進本院的患者病歷：「有些人嘔吐，有些人腹瀉，全部都有心跳變慢或心律不整的現象，也抱怨視線模糊、變黃……嗯！很有可能。我來抽血檢查看看他們的血液中是不是含有長葉毛地黃苷——那是毛地黃的毒素，如果有的話，治療的方法就要改變了。」

在醫師忙著安排新的檢查時，明雪也打電話給刑警李雄，告訴他最新發展。

李雄說：「那就由食品安全的問題轉成刑事案件了，我現在就到美術館去調閱茶會當天的錄影畫面，也會請鑑識科的張倩去檢驗當天的食品有無被人摻入毒藥。」

不久之後，住院醫師告知，患者血液裡果然有高濃度的長葉毛地黃苷，主治醫師接到消息也立即修改治療的方法。

李雄調閱錄影帶，發現有一名戴著口罩的婦人混入茶會現場，手拿一瓶白色藥罐，趁所有人不注意時，偷偷倒入咖啡桶中。由於昨天的咖啡已經倒掉，張倩也不用化驗了。李雄把這段影像的檔案傳給明雪看。

明雪一下就認出來：「應該是以前在許阿姨家幫傭的阿芳。」

李雄說：「嗯，我去查查她怎麼取得毛地黃的？」

由於使用了毛地黃解毒劑治療，患者的症狀立即獲得減輕。許盈雯的心跳頻率慢慢恢復正常，人也有精神了。

李雄打電話來通知已逮捕阿芳時，許阿姨已經有說有笑了。

根據李雄的說法，阿芳出獄後，到另一戶人家中當看護，照顧一名有心臟病的老人，因為看到新聞報導許盈雯旅遊回來要開畫展的消息，懷恨在心。她知道許盈雯喜歡喝咖啡，便帶了老人平常在吃的藥混入茶會，把整瓶藥全部倒入咖啡桶中。結果造成有喝咖啡的來賓都中毒，明安雖然吃了許多餐點，但是沒有喝咖啡，所以沒有中毒。

明雪掛上李雄的電話時，發現許阿姨目不轉睛的看著她。

「怎麼啦？」

許阿姨笑著說：「哈，明雪總算恢復蘋果肌，臉色不再蠟黃了。」

科學破案知識庫

毛地黃毒性來自長葉毛地黃苷（Digoxin），它也是治療心律不整和心臟衰竭的藥。人類發現它有毒已經超過四百年，但是用它當藥物也大約有兩百年的歷史了。醫學界受它困擾很久，因為用毛地黃下毒，常伴隨胃腸症狀，如噁心、嘔吐和腹瀉，加上每個人表現出來的症狀又不盡相同，醫生常常要花一段時間，才會驚覺這是毛地黃中毒事件。在一九三〇年代曾經發生過許多用毛地黃製造心臟病的假象，再詐領保險金的案件，涉案的人包括醫師和律師。

案件 11

一根纖維的線索

一棟兩層樓的住宅前面，一名十歲左右的小女孩，身穿暗紅色洋裝，手持金屬小鏟，正蹲在屋前的小花園裡挖土。

一輛沒有掛車牌的汽車駛近，停靠在花園前，車上走下一名戴藍色棒球帽和墨鏡的年輕男子，他走向蹲著的小女孩：「小妹妹，請問一下……」

小女孩抬頭看著他時，男子突然一把抓住小女孩，把她往車子的方向拖著走，小女孩嚇得驚聲尖叫，並不斷用手上的小鏟子往男子身上敲打，但是小孩子力氣小，男子毫不在意的繼續拉著小女孩往車子走。幸好這時候，屋子裡衝出一男一女，大吼一聲：「你想幹什麼？」

打算擄人的歹徒急忙放開小女孩，跑回駕駛座，把車開走。

今天明雪在學校裡上了化學實驗課。

在動手做實驗之前，老師先介紹纖維的種類：「纖維分為天然纖維和人工合成纖維。天然纖維又分為植物纖維和動物纖維，人工合成纖維又分為再生纖維和合成纖維。」接著老師要大家拿起棉布。

在做實驗的一個星期前，老師要大家回家去找各種不要的舊衣服，並教大家可由衣服後面的標籤上讀取布料的成分，然後每人帶不同的布料來。因為做實驗時，每一組只需要一小塊布料，甚至一根纖維就夠了，所以一件舊衣服可以剪成很多塊，因此每一組都有各式各樣的布料可以進行實驗。

「棉、麻都是植物纖維，今天我們用棉布作為植物纖維的代表。現在點燃酒精燈，用鑷子夾住棉布，放進火焰中燒燒看。」

各組紛紛照老師說的做了，結果火焰點燃了棉布，沿著纖維燃燒，把棉布全部燒完，剩下粉末很細的灰色灰燼。

老師問：「有什麼氣味？」

同學們紛紛回答：「哪有什麼特別的氣味呀！就像拜拜時燒金紙的氣味。」

老師笑著說：「因為紙和棉、麻的主要成分都是纖維素，含碳、氫和氧等元素，燃燒時產生二氧化碳和水，沒有特別的氣味。接下來，用同樣方法燒羊毛，看看有什麼不同。」

實驗用的羊毛是從毛衣上抽出來的纖維，還是一樣可燃，不過只要一離開火焰，立刻熄滅，必須再把鑷子放回火焰裡，才會繼續燃燒。

老師又問：「有什麼氣味？」

同學們皺著眉回答說：「好臭呀！就像燙頭髮時燒焦的氣味。」

老師笑著說：「因為頭髮和羊毛的主要成分都是蛋白質，含碳、氫、氧、氮和硫等元素，燃燒時除了產生二氧化碳和水，煙裡面也可能包含氮化合物和二氧化硫，這些都是有臭味的化合物。接下來，用同樣方法燒嫘縈，看看有什麼不同。」結果燃燒的情形和氣味完全與棉相同。

老師解釋道：「嫘縈的原料取自樹皮，本來就是纖維素，只是經過鹼和酸處理，製成可以織布的纖維，這類纖維就稱為再生纖維。最後，我們用火燒尼龍，看看有什麼不同。」

尼龍遇到火時會收縮，並熔化成黑色的小圓珠，用手去搓，也無法搓碎。燒出來的煙有臭味，有同學說是芹菜味，有人說是塑膠味。

老師說：「合成纖維的種類很多，像尼龍屬聚醯胺類，另外還有聚酯類、丙烯酸纖維等，性質各不相同。限於時間，我們今天只能挑尼龍做實驗，因為它是塑膠類，所以遇熱就熔成小圓珠。聚醯胺類含氮，燃燒產物有含氮化合物，所以有臭味。」

這堂實驗課讓明雪上得興趣盎然，原來只要用簡單的燃燒法就可以區別纖維的種類。

放學時，明雪走到校門口，發現弟弟在等她，她訝異的問：「你不是比較早放學嗎？在這裡等我多久了？」

明安說：「我想找你一起到警局見李雄叔叔。」

「發生了什麼事？」

「我們班的黃璇昨天在家門口差點被歹徒擄走，幸好她的爸爸媽媽及時跑出屋外救了她。」

明雪驚訝的說：「這麼恐怖？她的父母報案了嗎？」

「當然報案了，我今天早上知道之後，就打電話給李雄叔叔，打聽調查的進度。他說目前唯一的證據是路邊的監視畫面，但是歹徒戴帽子和墨鏡，汽車又沒有掛車牌，他們由錄影畫面看不出什麼有用的線索。」

明雪問：「所以你自告奮勇，說放學後要去幫忙看錄影畫面。」

「對！」明安笑著說：「而且我向爸媽報備過了。」

「那還有什麼問題，走吧！」

他們走進警局時，李雄引導他們到一間有電視的小房間，桌上已經幫他們各

纖維分為天然纖維和人工合成纖維。
棉、麻那是植物纖維，今天我們用棉布作為植物纖維的代表。
現在點燃酒精燈，用鑷子夾住棉布，放進火焰中燒燒看……
噹噹噹噹~
明安？
姐，我想找你一起到警局見李雄叔叔。

準備了一個焢肉便當：「你們爸媽交代要先讓你們吃飽了再工作。」

姊弟倆迫不及待的開始播放畫面，然後一邊吃著晚餐，一邊盯著螢幕看。歹徒企圖擄人及逃跑的經過不過才幾十秒，他們不斷重播了好幾次。

明安問：「姊姊，你有看出什麼嗎？」

明雪這個年紀的高中女生，正是愛漂亮的時候，她平日就會注意時尚的消息，固定會看視頻網站上對服裝的介紹。她覺得歹徒身上那件藍花白襯衫很面熟，她昨天才看到一位網路名人示範這款新裝的穿著與搭配，因為上面的圖案很特別，讓她留下深刻的印象。

「我來查一下這件衣服是哪一家廠商在賣的？」

只要上網連上那位網路名人的部落格，就可以看到資訊。因為是業配文，所以連廠商的資料也一併刊載在同一頁面。結果查出這款服裝剛推出一週而已，只在網路上販售。

明雪喜形於色的說：「網路上販售的都可以查得到買家。」

明安則說：「你還真厲害，連衣服的圖案都記得住，我可沒辦法，不過我可以說出歹徒開的汽車廠牌和車款。還有一件事……我注意到當時黃璇曾經用手中的小鏟子敲打歹徒，說不定鏟子上會留下什麼微量跡證喔！」

李雄聽完他們的發現後說：「汽車的廠牌和型號我早就查出來了，已經發布訊息，請各地警方清查這款汽車，尤其是沒掛車牌的，要立即扣留人車。你們由歹徒衣服及被害人手持的鏟子上找出兩條新線索，十分寶貴。我現在擔心歹徒這次擄人不成，說不定會繼續尋找下一次犯案的目標，所以一定要趕快將他逮捕。現在我來追查製衣廠這條線索，請張倩到黃璇家取回小鏟子化驗。」

不久，製衣廠傳來資料，這款服裝是棉布製成，上面的圖案是請設計師精心設計的，其中藍色的花是蝶豆花，市面上沒有別的品牌有相同的圖案，為了避免被仿冒，他們不肯鋪貨到店面，要買只能直接向他們公司的網站下訂單。推出才一週，全國各地賣出三百多件，網購名單散布在各縣市。

李雄皺著眉說：「衣服圖案是獨一無二的，我們不必海底撈針的亂找，嫌犯已縮小到這三百多人。不過這數據還是太大了，清查起來太費時間。」

明安建議道：「如果擄人案發生在臺北市，我們是不是可以把範圍再縮小到臺北市的買家？」

李雄看看網購名單：「住臺北市的買家只有十九位，不過這樣太冒險，現在交通那麼方便，歹徒很有可能越區犯案……」

這時候張倩已經回到警局，她興奮的揚了揚手上的小塑膠袋說：「我在黃璇的小鐽子上找到幾根藍白兩色的纖維，顯然是從歹徒上衣上勾下來的。」

李雄告訴她已經找出製衣廠：「再化驗這些纖維還有意義嗎？」

張倩看著李雄遞給她的資料，失望的說：「好像意義不大，不過依照我們鑑識科的標準作業程序，既然採集到證物，沒有不檢驗的道理。」

明雪興奮的說：「阿姨，讓我來，我今天剛學過用燃燒法檢驗纖維種類。」

張倩點點說：「好啊！燃燒法是檢驗纖維最基本的方法。我取一根纖維讓你試試，看你學到多少？」說完帶明雪進入實驗室，點燃酒精燈，用鑷子由塑膠袋中夾出一根纖維遞給她。

明雪依照上課所學的方法，把纖維的一端放入火焰中，纖維燒了起來，發出噼噼叭叭的聲音，火光濺射，纖維收縮熔化，發出刺激性的臭味，燒完的部分有堅硬黑色的小圓珠，等溫度不那麼燙了，明雪用手去搓，小圓珠碎成粉末。

明雪驚呼：「不對！」

張倩不解的問：「什麼事不對？」

明雪說：「這家廠商宣稱布料是純棉的，但是以剛才燃燒試驗的結果來看，這絕對不是棉，而是合成纖維，因為遇熱熔化成小圓珠。不過它燃燒的氣味又和尼龍燃燒的氣味不同，倒底是哪一種合成纖維我就不知道了。」

「絕對是合成纖維沒錯，從剛才火花噴濺的情形和刺鼻臭味判斷，比較可能是丙烯酸纖維，又有人稱它為壓克力纖維。廠商宣稱它是純棉製造的嗎？難道我們無意間破獲了欺騙消費者的案外案？」張倩拿起手上資料仔細研究。

李雄聽到了，立刻打電話向製衣廠求證，但是廠方負責人堅稱：「我們也不是無名小廠，怎麼會做這種欺騙消費者的事？我們的布料是進口外國棉布，經自己的化驗小組檢驗合格的……」

「好了，我相信你，」李雄沒有閒功夫聽他宣傳：「你把製程中涉及的合作廠商資料都傳給我。」

張倩問：「你猜問題出在哪裡？我可以到他廠裡取一件衣服的樣本化驗看看

是不是真的棉布。」

李雄搖搖頭：「他有沒有欺騙消費者，不是那麼急迫的事，這件事以後有空再查不遲。如果他的產品真的是棉布製的，那麼這份網購名單對我們也沒有意義了，因為歹徒的衣服不是向他們購買的。」

明雪不解追問：「歹徒買到的是仿冒品？可是新品上市才一週，店鋪又買不到，是誰這麼快就能仿冒呢？」

李雄點點頭：「嗯，應該是他的公司內部有鬼，或者合作廠商中有人趁機想撈一筆……」

張倩到傳真機取回製衣廠傳過來的最新資料，仔細的看了一會兒，然後說：「如果製衣廠沒有說謊的話，最可能有問題的是網版製造廠。」

李雄湊過來看了資料後，也說：「有道理，這家廠商就位於新北市三重區，我現在過去看看。」說完，李雄就帶隊離開，臨走前交代張倩送兩名小朋友回家。

張倩督促姊弟倆收拾書包後，跟她上車。

明安在車上仍不忘提問：「阿姨，為什麼你認為是網版製造廠有問題？」

張倩一邊開車一邊說：「設計師設計好圖案後，要交給網版廠製成網版，才能印刷在布料上。現在歹徒穿的衣服，圖案和正版的一樣，但是布料不一樣，可見有人用同樣的網版把染料印在比較廉價的布料上，想仿冒真品出售。誰能擁有和真品一樣的網版？最有可能的當然就是網版廠的人。歹徒所穿的衣服就是這家仿冒廠製造出來的劣質品。」

就在車子抵達家門口時，張倩的警方對講機傳來李雄振奮的聲音：「我現在人在網版廠外，發現停在門口的汽車，無論廠牌型號或顏色都和擄人的歹徒開的一模一樣。應該找對地點了，我現在要進去搜查啦！」

張倩笑著對明雪和明安說：「時候不早了，進入屋中，趕快盥洗就寢。不要討論案情，免得惹爸媽生氣，我會請李組長把案情發展用簡訊通知你們。」

姊弟倆點點頭，覺得張阿姨真了解他們。

第二天一早，明雪和明安起床時，看到手機裡有李雄傳來的簡訊：「歹徒已抓到，就是網版廠老闆，因為沉迷賭博，積欠大筆債務，才會仿冒名牌服飾和擄人勒贖，想要藉此大撈一筆，結果擄人不成，又因身穿自己仿冒的衣服而暴露身分，真是罪有應得。」

明安在上學途中，遇到黃璇，她高興的對明安說：「今天早上警察通知我們說，歹徒抓到了。」

明安笑一笑說：「我知道！」

科學破案知識庫

丙烯酸纖維是合成纖維的一種，主要單體為丙烯腈，其結構如圖，平均分子量大約 100,000。杜邦公司在一九四一年首次發明丙烯酸纖維，並以「奧綸」作為商品名稱。奧綸性質類似羊毛，通常製成地毯、毛衣或船帆。

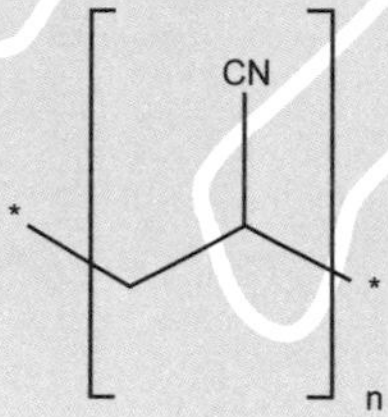

丙烯腈

檢驗纖維的第一步就是用燃燒法，其中羊毛和合成纖維都可能會產生臭味，尤其是丙烯酸纖維更是有刺激性臭味，因為丙烯腈的結構中有 -CN 官能基，一旦燃燒時會產生大量致命的氣體氰化氫（HCN）。現代社會中，火災發生時，很多人不是被火燒死，而是被這類合成纖維燃燒時釋放的毒煙薰死。

案件12

「釉」見盜墓賊

深夜裡，漆黑的墓地本來是沒人敢來的地方，今夜卻突然出現三名黑衣人。這三人在黑夜裡，不但穿黑衣，還戴黑帽，在伸手不見五指的墓地裡，根本看不清他們的臉。不過，他們的頭上戴著頭燈，所以他們對眼前一步之遙的地方，倒是看得一清二楚。

帶頭的一人，體格壯碩，從身形看來是個年輕男子，他手裡拿著一個棍狀儀器，棍子的末端是個「田」字形的金屬圈，棍子的頂端是個四四方方的黑盒子。那人手捧黑盒子，把金屬圈伸到各個墓地土堆上，然後傾著頭聆聽，不久之後，搖搖頭又走到另一個墓地上，重複剛才的動作。

另外兩人亦步亦趨的跟在他後面。從身形上看，其中一人是年輕女子，肩上扛著十字鎬，手上提著一個空的麻布袋。敢在深夜裡到墓園來，這女子也真夠大膽的。

另一人則是瘦弱的年輕男子，肩上扛著鏟子，走路一跛一跛的，跟隨兩人在高低起伏的墓地行走，顯得十分吃力，他抱怨道：「老大，不要走那麼快啦，你明知道我腳還會痛……」

老大不耐煩的說：「你囉嗦什麼？是你說最近缺錢，這一趟才讓你參加的呀！否則像你這樣慢吞吞的，動作比你嫂子走得還慢，只會拖累我們的行動，我還不想讓你參加呢！」

跛子一看老大發火了，不敢再抗議：「好好好，我走快一點，拜託下一趟還要讓我參加，不然我真的連房租和醫藥費都付不出來了。」

被稱為嫂子的女子笑著說：「阿安，你放心啦，只要這次你提供的金屬探測器有用，下次你大哥會再找你合作啦！聽說這一區葬了許多有錢人，陪葬品中有很多金銀飾品。這一趟順利的話，賺的錢就夠你用很久了。」

這時候，老大手上的黑盒子發出嗶嗶的聲響。三人同時興奮的大叫：「有了！就是這裡。」

老大把手中的儀器扔在一旁，伸出手向女子說：「老婆，十字鎬給我。」

阿安為求表現，不等老大命令，立刻用鏟子挖開墳上土堆。

老大也把十字鎬舉高，用力向土堆掘下去。挖掘持續進行了約一小時。

「好了，好了，今天收獲不錯喔！」老大把挖到的東西裝進麻布袋裡，跳出土坑。

阿安隨後也爬出土坑，追在老大身後說：「老大，還有這些。」說時遲那時快，他腳步不穩，一個踉蹌，整個人跌倒在地，手上的東西掉在地上，發出清脆的聲響。

「跟你說不要拿那些碗，偏要拿。」老大怒斥他。

「這一定不是普通的碗，說不定是骨董，很值錢的啦！」阿安辯解道，他用頭燈照亮掉在地上的幾個瓷碗：「還好，沒破。」

阿安撿起那些瓷器，站起身來，追上老大。

女子嫌惡的說：「你們兩個，等等把挖到的東西用山溝的水洗乾淨才能帶上車喔！」

明雪一家人計畫利用元旦連續假期去參觀臺中花博，本來想在臺中過一夜，爸爸就上網訂房間，沒想到因為是跨年夜，房價竟然漲了三倍。

「同一家飯店，上次去住只要三千多，怎麼這一次要一萬一？」

媽媽嘟囔著說：「漲個三成還能接受，漲三倍太離譜了。」

爸爸嘆了口氣，闔上筆電：「在我們談話的時候，一萬一的房間已經被訂走，現在只剩一萬四的了。你嫌貴，別人還搶著訂呢！」現在只能當天來回了。

這天他們計畫開車到神岡之後，換接駁車前往園區，沒想到卻在關西休息站遇到鑑識專家張倩。

明雪驚喜的問：「阿姨，你也出來玩？」

張倩手指身旁的警車苦笑道：「哪有那麼好命！彰化埔鹽鄉發生盜墓事件，上級要我去協助鑑識工作。這已經是兩年來的第二起盜墓事件了，第一次是去年發生在該鄉的第十三號公墓，這次發生在第十六號公墓。這種對祖先不敬的行為，在純樸的鄉下，引發居民的憤怒，警方有限期破案的壓力。」

明雪和明安轉頭問媽媽：「我們可以跟阿姨去辦案嗎？」

媽媽難以置信的問：「我們這趟旅行專門要去看花博，怎麼聽到有刑案就變卦了？」

不過，最後媽媽還是拗不過小孩的要求，答應他們跟張倩去埔鹽，張倩也保證蒐證完畢就送小孩到臺中會合。於是，兩個小孩坐上張倩駕駛的警車到了埔鹽。

公墓周圍已拉起封鎖線，當地的分局長已在現場等候，並向張倩說明案情。

「這個案子跟去年的盜墓案很像，都發生在本鄉的公墓，而且兩次盜墓案出現了部分相同的鞋印，可見是同一批歹徒做的。不過去年在十三號公墓挖開了二十二座墳墓，這次只挖了四座墳墓。這四座墓都埋葬十年以上，經過調查，親人都說確實有金飾陪葬。」

張倩想了一想說：「二十二和四？這兩個數字相差很多，可見去年是碰運氣亂挖，今年這批歹徒可能改用金屬探測器，所以能準確的在一大片墓園中找出有金飾陪葬的墳。」

分局長問：「那麼我們應該追查誰買了金屬探測器？」

張倩點點頭：「當然要查，不過金屬探測器的原理並不難，也有可能是歹徒自行製作的，所以同時也要調查懂電子學的人。此外，你說有部分相同的鞋印，也就是說出現了與上次不同的鞋印？」

「嗯！前次留下的鞋印，我們從花紋比對，找出球鞋的品牌，同時也查出那是一雙男鞋和一雙女鞋，可惜無法查出鞋子的主人是誰。這次同樣的兩雙鞋子又出現了，品牌和尺碼都和上次一樣。不過卻出現了第三人的鞋印，這個人兩腳施力的輕重和步伐大小相差很多。我們不懂那是為什麼，所以請求上級派專家來幫忙。」分局長引著張倩到被挖開的土堆旁觀察鞋印。

明雪和明安跟在旁邊看，發現分局長指的新鞋印是「人」字花紋，但是鞋子的中段又有幾條平行的橫線。

張倩拿出照相機以不同的角度對著鞋印來回拍照，然後蹲下來仔細觀察那些鞋印：「這個第三人的腳印很特殊，如你所說，他兩腳施力的輕重和步伐大小差異很大，證明他是跛子。長期跛腳的人，他的兩腳鞋底磨損情形也會相差很大，可是這個人兩腳鞋底磨損情形很對稱，可見他是最近才跛腳的，請分局長查一下鄰近醫院最近有沒有腳傷的病例。」

分局長佩服的說：「果然是專家，這樣我們就有偵查的方向了。」

接下來張倩和分局長去查看被挖開的墳，兩個小孩沒有勇氣去看，就留在一旁等候。明安無聊的四處張望，突然看到地上有一小片青黃色的物體，他蹲下去查看，發現是破碎的瓷片。

他立刻指給姊姊看：「如果是長期掉落在這裡的東西，經過風吹雨淋，應該

沾滿塵土，可是這塊瓷片仍然亮晶晶的，我認為這是昨天歹徒留下來的。」

分局長和張倩聽到了，也跑過來看。分局長用手機命令分局警員去詢問那四座墳墓的親人，當初陪葬的除了金飾之外，是不是還有瓷器？結果，很快就回報，其中有一座墳墓的亡者，因為生前喜愛收集骨董瓷器，所以家人確實用瓷器作為陪葬品。

分局長用手摀住手機，興奮的對明安說：「小弟弟，你這個發現很重要喔！如果知道這些瓷器的形式，我們就可以由骨董的銷贓管道追查歹徒身分。」

可惜，接下來的回覆令人洩氣，因為年代久遠，親人已經不記得那些瓷器的樣式和圖案了。

張倩戴上橡皮手套，把瓷器碎片收進證物袋裡：「這個碎片太小，所以歹徒沒有察覺有一件瓷器摔破了。不過也因為太小，我們無法判斷整個瓷器的形式。它看起來亮晶晶，表示上了釉，我可以帶回去分析它的釉料，多少可以提供一些訊息。」於是張倩向分局長告別，準備回實驗室。

分局長說：「我這邊會清查腳傷病例和有電子學背景的人，你那邊釉料的分析如果有進展也請立刻通知我。」

張倩連忙說：「當然！」

車子上了高速公路後，張倩說：「現在就開車到臺中，先讓你們和父母會合。畢竟短時間內只憑這麼小的碎片要找出案件的線索，還滿難的。」

明安在腦海裡思索著他認識的人當中有誰可以幫上這個忙？他想起了某次全家出遊時認識的人類學家龐克大叔。他經常研究古代陶瓷，會不會對骨董陶瓷有研究？當時他還留了一張名片給明安姊弟倆，明安把它拍了照留在手機裡。於是明安依名片上的電話號碼撥了過去。

沒想到大叔很爽快的大笑著說：「哈哈哈，其實我們人類學家經常在挖古墓，和盜墓者很類似啦！不過，我們是為了學術研究，也不會破壞文物。你們把碎片送過來，我看看能找出多少線索。」大叔提供了他實驗室的地址。

張倩對姊弟倆說：「分析工作不可能馬上有結果，要耗一些時間，我送瓷器碎片去就好了，現在先送你們去花博會場和父母會合，分析結果一出來，我會通知你們。」

姊弟倆想想也有道理，就答應了。

姊弟倆到達后里時，正好趕上會場內的馬術表演。接下來又逛了另一個園區，買了一些紀念品才回家。

連假結束，又要上課了，明雪和明安總想著有個案子還沒破，放不下掛念，沒想到在他們早上上學前就接到張倩的電話。

「埔鹽分局長打電話給我，他們根據轄區附近各醫院的就診紀錄查到最近腳傷的病患名單，在清查其背景資料時，發現其中有一人是高工電子科畢業，名叫何俊安。他最近因為和人鬥毆，被打傷了腳。警方查出他的球鞋鞋底紋路和現場遺留的一雙鞋印吻合，同時在他家也搜出幾件瓷器。」

明安興奮的大叫：「抓到了。」

「還沒呢！因為何俊安不承認犯案。我們希望握有更多證據才能說服檢察官簽發逮捕令。現在就等龐克大叔……唉，我到了他的實驗室才知道，他是人類學博士，以後要稱他為尤博士，知道嗎？」

明安記得初次見到龐克大叔時，他就自稱是人類學家，可是他做的工作明明就是考古：「人類學和考古學有什麼不同啊？」

張倩解釋道：「人類學就是研究古代和現代的人類行為，範圍很廣，研究的內容包括考古、生物、文化和語言等領域，所以有些國家把考古學當成人類學的一個分支。總之，現在就等尤博士那邊的證物分析，看看能不能證明何俊安家中的瓷器和現場找到的碎片是同一來源。」

明安沒想到自己發現的一小塊碎片最後成為能否定罪的關鍵，他決定放學後到龐克大叔的實驗室問問研究的進展，明雪也表示要一起去。

放學後，他們來到了尤博士所在的實驗室時，就遵照張倩阿姨交代的，恭敬的問候一聲：「尤博士好！」

「哎呀！別那麼嚴肅，還是叫我龐克大叔好了。」大叔繼續說：「最後的分析結果今天下午剛出爐，我已經交給警方了。」

「快告訴我們結果！」

「別急，聽我說，」大叔慢條斯理的說：「我分析了碎片上的釉料。我們人類學家由釉料上的元素比例和各元素同位素比例可以判斷釉料的產地……」

「這麼厲害！」他們不禁對這位龐克大叔肅然起敬。

「這塊瓷片應該來自同安窯系青瓷碗，我甚至可以猜出它上面的花紋，應該是篦劃紋。」

「啊？那是什麼？」明雪知道篦是細齒的梳子，但是那和瓷器有什麼關係？

「篦劃紋是瓷器的傳統裝飾紋路，用像篦的工具在瓷器表面劃出一條條等距離的波浪紋，」大叔由電腦中叫出一個瓷碗的圖片，「我把這張圖片寄給張倩，她立刻回覆說嫌犯家中找到的瓷碗正是這種圖案，嫌犯只好乖乖認罪，也供出同夥的另兩名嫌犯，所以……破案了！」

「哇！想不到這次是由人類學家破案的。」

「嘿！人類學家平常的工作就是要由古墓中找出各種線索，這種工作很像偵探不是嗎？你可以說我們是古物偵探。」

明安笑著說：「大叔！你一下說自己的工作像盜墓賊，一下說自己像偵探，好矛盾喔！」

「不矛盾！就像我的龐克頭和人類學家的身分並不衝突一樣。」

科學破案知識庫

各位讀者，你有沒有用手摸過瓷碗的底部？那裡通常比較粗糙，那是沒有上過釉的素瓷。碗的其他部分都塗了一層像玻璃一樣的釉料，這層釉料非常緻密，連氣體、水和病毒都穿不透。釉料可以為瓷器表面增添顏色和飾紋。釉料中除了矽之外，還含有鉛、鍶和鉀等金屬的氧化物。各地產的釉料，其成分都不同。就算是同樣的配方，只要礦物來源不同，同位素比例也不同，利用這些資訊可以判斷瓷器的產地。對人類學和刑事鑑定工作而言，釉料的分析都是重要的工具。

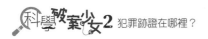

案件13

麻醉藥劑風波

刑警李雄手裡提著公事包，走進醫院的地下停車場。因為夜深了，停車場裡空蕩蕩，一個人都沒有，只有幾輛汽車停在那裡。

李雄的腳步聲在空曠的停車場裡迴盪著，他打了個呵欠，今天真累，白天接連有幾件小刑案發生，忙得焦頭爛額。下午接到報案，海邊別墅區發生疑似縱火案，他和搭檔林警官又開車到海邊調查；傍晚時，好不容易要下班了，檢察官突然通知他，醫院發生疑似醫療疏失的案件，要他立刻到醫院扣押相關病歷，以利日後調查。他讓林警官先下班，自己又從海邊開車到醫院。現在他的公事包裡放著查扣的病歷，只想快點送到地檢署，然後回家睡覺。

突然從柱子後面閃出一個人，朝他的背後揮拳攻擊，李雄在沒有防備的情況，踉蹌了幾步，趴倒在地上。李雄掙扎著想爬起來，對方立刻撲上，壓制住他的肩膀。這時候，另一根柱子後面也走出一個人，他迅速取出事先預備好的注射針筒，扎向李雄的脖子，李雄一下子就昏迷了。

五分鐘後，李雄自己慢慢醒來。發現自己躺在水泥地上，才想起這裡是醫院的地下停車場。他爬起身來，檢視自己的身體，除了衣服弄髒之外，沒有別的外傷。但是——公事包不見了。

李雄覺得有點尷尬，他本身是刑警，現在卻必須向警方報案。不過為了日後調查，他只能留在現場保全證據，他摸摸口袋，幸好手機還在，他拿出手機，按下一一〇……

第二天清早，爸爸打開電視時，大叫了一聲：「唉！怎麼連警察都遭到攻擊了。」電視晨間新聞的主播說，昨晚在醫院的地下停車場發生刑警遭受襲擊的重大新聞。

明雪湊過來一看：「哎呀！這不是李雄叔叔嗎？」螢幕上出現遇襲刑警的檔案照，正是李雄。

爸爸急忙撥了李雄的手機，幸好李雄很快就接電話了。

爸爸問：「阿雄，電視上說你被攻擊了，要不要緊？」

李雄說：「人沒有受什麼傷，背後挨了一拳，脖子挨了一針，只是很丟臉。」

聽完李雄的描述後，爸爸安慰他說：「你是執勤中遭到攻擊，因公受傷，很光榮，怎麼會丟臉？倒是歹徒打的那一針，到底是什麼藥劑？會令人立即昏迷，實在可怕，會不會有副作用？還是到醫院檢查一下，才能安心。」

李雄說：「長官也是這麼說，他們下令我直接在這家醫院接受觀察和治療，而且不准我調查這個案子，改由林警官接手……醫生進來了，我要掛電話了。」

李雄匆匆掛了電話，爸爸知道李雄的傷沒有大礙後，又回頭去看電視新聞了。今天是假日，媽媽和弟弟會比平常晚起床。剛發生的刑案格外吸引著明雪去參與調查，何況這件事害李雄叔叔受傷，她怎麼可以置身事外？打定主意後，她就告訴爸爸要出門。

走到醫院後，她先到地下停車場。李雄被攻擊的地方已經用黃色塑膠帶封鎖起來，林警官和鑑識專家張倩正在那裡採證。

明雪在封鎖區外喊張倩，林警官就示意員警放明雪進去。這個案子李雄不能參與，現在由林警官全權負責，明雪只能問他是否有眉目了。

「如果攻擊李叔叔是為了搶公事包的話，那麼公事包裡一定有很重要的資料吧？」

林警官聽到明雪的問話後，慢條斯理的說：「這點我也想不通，我們昨天是很忙沒錯，但都是一些小案件，什麼酒醉鬥毆、妨礙安寧，這一類不痛不癢的案子就算成立，也判不了多重的刑罰，不可能為了這麼小的事去襲警、搶奪公文書吧？比較大的案子算是海邊別墅區的疑似縱火案，我們為當事人和目擊者做完筆錄後，接到檢察官命令，要到醫院扣押病歷，因為我昨晚有事，組長載我到捷運站後，就自己開車到醫院。所以他當時公事包裡應該就只有火災的筆錄和醫院的病歷而已。可是今天早上，消防局的火災調查科打電話告訴我，依他們的判斷，那件案子是電線走火造成的意外，不是人為縱火。」

明雪聽懂他話裡的意思：「所以，縱火案不成立。公事包裡有用的資料只剩醫院病歷。」

林警官兩手一攤：「對，有誰會為了病歷去襲警？醫療疏失通常是賠錢了事，有必要襲警嗎？而且現在醫院的病歷都存在電腦裡，就算毀了紙本也沒有用啊！」

明雪也覺得搶病歷沒什麼道理：「地下停車場有監視畫面吧？」

「有，」林警官說：「我看過監視畫面了，正如組長描述的，攻擊他的人總共有兩個，分別躲在柱子後面，其中一名先由背後偷襲組長，然後另一個人再為組長打一針，讓組長昏迷。可惜兩個人都戴了帽子和口罩，所以看不清臉孔。」

明雪轉頭問張倩：「阿姨，那是什麼藥啊？」

張倩還在地上摸索：「可能是麻醉劑，不過無法確定是哪一種，所以我仍然在找，歹徒既然施打這種藥劑，在匆忙之中應該會掉下什麼碎片或藥瓶之類的，可是我一直沒找到。」

明雪想了一下，問林警官：「叔叔，您看過監視畫面，請告訴我第二名歹徒躲在哪一根柱子後面？」

林警官指著他自己背後那一根柱子：「那根。」

明雪跑到那根柱子後面，蹲下去往兩旁的車底瞧，結果在某一部汽車的底下看到一個塑膠製像夾子的小東西，她沒見過這種工具，只好請張倩過來看。

張倩用戴著橡皮手套的手撿起那個夾子，看了看之後說：「這是安瓿的開瓶器。」

安瓿是一種玻璃製的注射藥瓶，以前明雪看醫護人員都是拿一種心形的割片，割斷安瓿的頸部。這種塑膠製的夾子，她第一次看到。不過稍微想一下就可以理解它的用法，應該是把安瓿的頸部放入夾子中，然後扭斷。

張倩說：「既然有開瓶器，扭斷的安瓿應該就在附近，我們再找找看。」

「是那個嗎？」

張倩順著明雪手指的方向，看向封鎖線外另一輛車的左後輪，找到一個破碎的安瓿，瓶身是透明的，瓶底仍有些殘餘的乳白色液體。她小心翼翼的撿起那個安瓿。

林警官也湊上去，因為瓶子已經破裂，上面的標示不完整，林警官努力想辨認上面的字：「Propo……」

張倩說：「Propofol，中文名稱叫丙泊酚，是一種注射用的全身麻醉劑。因為是乳白色液體，也有人稱它為牛奶針。注射後大約兩分鐘就會發揮藥效，視劑量而定，可能精神恍惚，也可能陷入昏迷。大約五到十分鐘後又會醒來。這些都符合李組長受攻擊後的現象。」

明雪很快又想到另一個問題：「這種藥可以在西藥房買到嗎？」

張倩搖搖頭：「當然不行啦！這是第四級管制藥。這兩個歹徒真狠，為了搶

啊！
那是什麼？

奪一個公事包，竟然使用管制藥。這種藥有可能引發呼吸困難等併發症，一定要由專業麻醉人員施打，而且要準備好急救設備，才能使用。」

明雪沉吟了一陣子之後，皺著眉說：「那麼……歹徒搶公事包的目的就是為了搶奪病歷。」

「啊？」林警官問：「為什麼有人要搶病歷？」

「我還不知道。不過，如果丙泊酚是管制藥，一般民眾根本拿不到，那麼攻擊李雄叔叔的歹徒就是醫院內部的人，作案的目標可能就是病歷。」

「有道理！」林警官終於了解為什麼李雄辦案時常常喜歡問明雪姊弟的意見了。

「就像我們剛才談論的，現在的病歷不只紙本，還存在於電腦中，我們應該要趕快阻止歹徒刪除電腦內的病歷。」明雪很快做出推論。

「好，我趕快去找院長，要求檢查電腦系統。」

他們三人迅速搭電梯到二樓院長室，向院長報告這件事。

林警官說：「請准許我們查扣電腦，再和院內的紙本病歷比對，看看是否已有病歷遭到刪減。」

「門診馬上就要開始，查扣電腦會影響醫生看診，有些病人的病情不能等候，茲事體大。」院長面有難色的說：「不如讓我們醫院的資訊人員進行檢查，他們每一週都會針對院內的病歷備份一次，請他們在幕後進行比對就可以了。」

影響病患權益的罪名太沉重，林警官也承受不起，不如信任醫院的資訊人員。

「好，不過我要到資訊室看著他們工作。」既然知道問題出在醫院內部，林警官也必須提防資訊人員動手腳。

這時候，一名穿白袍的醫生走進院長室，對林警官說：「李組長的血液檢驗報告出來了，含有大量的……」

張倩說：「Propofol。」

醫生驚訝的問：「你們知道啦？」

張倩拍拍她的證物袋：「我們在停車場找到空的安瓿。」

「幸好李組長沒有什麼不良的副作用。」醫生說：「那麼再觀察十二小時後，大約是今天中午，如果仍然沒有異狀，我就讓他出院。」

林警官看看牆上的鐘：「希望到那時候我們已經抓到攻擊他的人了。」

◎ ◎ ◎ ◎ ◎

醫院出動所有的資訊人員檢查電腦系統。果然不出明雪所料，部分病歷已經遭到刪除。

「昨天半夜才刪除的。」資訊室主任說。

「差不多在李組長被攻擊之後刪除的，」林警官點點頭：「顯然是同一批人做的。」

「李組長帶走的病歷只有發生醫療疏失那一件，然而被刪除的檔案不只那一件。」資訊室主任說。

明雪說：「那表示歹徒想掩蓋的不是醫療疏失，而是背後有更大的不法行為。」

資訊主任很不願意聽到有人指稱醫院內部有不法情事：「是什麼呢？」

明雪說：「我不知道，但是我們會找出來的。接下來請你們比對這些被刪除的檔案有什麼共同點。」資訊人員又開始忙著比對資料。

明雪趁這個空檔請張倩再為她解說丙泊酚的用途和副作用。

張倩說：「丙泊酚是短效型麻醉劑，也有鎮靜和安眠的效果，它同時有令人狂喜和產生幻覺的功效。因為這樣，許多國家——包括美國、英國和南韓——都發生有人把它當成毒品使用。因為濫用和誤用丙泊酚所造成的死亡事件也不少，像已故搖滾巨星麥可．傑克森就是混用了丙泊酚和抗焦慮藥苯二氮平，因而致死。」

「令人狂喜和產生幻覺……像毒品一樣……」明雪聽完張倩的說明後，沉思了幾分鐘，她抬頭問：「阿姨，我再問最後一個問題，手術中施打丙泊酚的人是外科醫師還是麻醉科醫師？」

「麻醉科醫師，」張倩說：「現代醫學體認到麻醉是非常危險的行為，必須由麻醉科的專業醫師執行。」

明雪轉頭看著仍在忙碌比對資料的資訊人員後，對主任說：「請查查被刪除病歷的個案，麻醉醫師是什麼人？」

資訊人員比對後，驚呼道：「都是同一位魏醫師。」

林警官問明雪：「為什麼你覺得問題出在麻醉科醫師？為什麼他要攻擊李組長？」

「一般醫療疏失，都是賠償了事，不會是重罪，沒有必要因此襲警滅證。所以我懷疑背後有更嚴重的罪行，在我知道丙泊酚有濫用誤用的問題後，就聯想到，可能有人因此而盜賣此種管制藥牟利。最有機會盜賣麻醉劑的人就是麻醉科醫師，只要實際施打量小於申報的量，其間的差距就可以偷出去賣給外人。因為醫療疏失案一旦上了法庭，麻醉劑的使用量一定會引發關注，和他合作的外科醫生將會發現當時實際使用的麻醉劑用量與病歷上記載的不符合，所以他急於湮滅病歷中的麻醉劑用量。」

林警官點點頭：「嗯，我去找他問話。」

明雪提醒他：「還要問他賣給了誰，攻擊李叔叔的共有兩個人，第一個動手的應該是共犯，第二個上前注射麻醉藥的才是魏醫師。」

張倩看著牆上的鐘說：「快要中午了，我們去幫組長辦理出院手續吧！」

半小時後，當他們辦好出院手續，正要領著李雄離開病房時，林警官押著魏醫師來到病房門口。

「沒錯，一切正如明雪推斷的，這名麻醉科醫師把丙泊酚偷偷賣給外人謀取利益，他也供出共犯的姓名了，我已經通知局裡其他同仁前去逮捕。現在我們一起回警局吧！」

李雄嘉許的說：「不錯喔，在我住院期間，你們這麼快就破案了。」

林警官說：「其實都是明雪的功勞啦！」

科學破案知識庫

丙泊酚的分子構造如下圖，它是短效型藥劑，可使人失去意識或記憶。施藥方式是靜脈注射。如果正確使用，它是非常有用的全身麻醉藥。副作用包括心跳變慢、低血壓，甚至停止呼吸，可說非常危險。美國密蘇里州最高法院曾經選定丙泊酚作為執行死刑之藥劑，但遭到歐盟抵制，限制會員國輸出此藥至美國，州長因此取消此一決議。國外有部分案例顯示丙泊酚遭到濫用與誤用，例如被當成迷幻藥使用。但是因為此藥副作用有高度危險性，如未在充分安全準備下使用，可能致命，不可不慎。

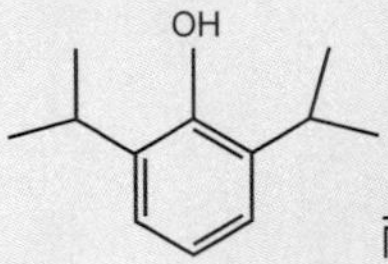

丙泊酚

案件 14

當中藥變毒藥

機場大廳裡人來人往，許多旅客匆匆忙忙向櫃臺報到。

明雪一家人已經報到過了，現在正悠閒的走向機場的另一個角落，打算去領取網路分享器。這次他們規劃到沖繩去旅遊，向旅行社報名自由行後，獲得的贈品是免費租借網路分享器四天。

爸爸拿著登記序號向櫃臺接洽時，明雪和明安興奮的東張西望，他們全家人上一次出國旅遊已經是三年前的事了，所以他們倆高興得昨晚幾乎難以成眠，現在情緒仍然很亢奮。

這時候，他看見有一對中年夫妻正站在旁邊話別，因為兩人的服裝很華麗，引起明安的注意。太太頭髮燙得很蓬鬆，身上穿著絲質洋裝，胸前有漂亮的花領子，色彩很鮮豔。先生則是褐色西裝、白襯衫，還打著黑色領結。

太太說：「不好意思，我出國去玩，留你一個人在家裡工作。」

先生說：「沒關係，診所不能隨意關門，我留下來就好，你和好姊妹好好的去玩吧！」原來先生是一名醫師。

太太揮揮手：「那麼你趕快回去吧！我自己進海關就好。」

先生揚了揚手上的保溫杯：「你忘了我幫你泡的藥飲。」

「不能帶水登機啦！」

先生說：「那就現在喝完啊！」

太太回頭接過杯子，喝了一口，皺著眉說：「好苦。」

先生哄著她說：「良藥苦口啊！」

太太只好皺著眉一口氣喝完，然後把空杯子還給先生，笑咪咪的走了。

明安和明雪相對一笑，覺得這一對夫妻的互動好甜蜜喔！

爸爸借到分享器了：「現在是八點三十五分，我們該前往海關進行安全檢查了。」

在飛機上，明安發現剛才那位太太也在同一班飛機，坐在他們座位附近，正和另外一位婦人有說有笑。

明安低聲的對爸爸說：「好巧喔！」

爸爸拿出旅行社給的資料說：「你看，這上面有十個人的名字，可是我們只有四個人，可見旅行社把個別報名的旅客湊成一團。所以這位太太可能和我們同一團，說不定等一下連住宿的旅社都是同一家。」

旅行社安排他們搭乘廉價航空，由於航程短又是廉航，因此機上並未準備餐點。飛機降落那霸的國內機場後，飯店派來接機的人，已拿著牌子到處找人，而那位頭髮蓬鬆的太太和她的閨蜜果然也上了同一班接駁車。沖繩的車子駕駛座是設在右邊，新奇感使明安看得目不轉睛。

進入飯店後，大家忙著辦入住手續，沒想到接待人員一句英語也不懂，而臺灣來的旅客又沒有人會說日文，雙方溝通不良，浪費了許多時間。

眼看時間已是下午兩點了，飯店附設的餐廳只有早上供應早餐，中午和晚上並不供餐，櫃臺又一片亂哄哄，似乎沒有那麼快可以辦好入住手續。

飯店接待人員這時候拿出平板電腦，連接上翻譯公司，讓口譯人員在日文與中文之間來回翻譯，終於解決溝通不良的問題，旅客得以紛紛辦好入住，取得房間鑰匙。

爸爸高興的提著行李要帶大家進房間時，突然聽到有人焦急的問：「你怎麼啦？不舒服嗎？」

只見頭髮蓬鬆的那位太太臉色蒼白、虛弱的撫著胸口，對她的閨蜜說：「我感到噁心，肚子痛，你在辦手續時，我到廁所拉了好幾回，現在覺得手腳麻痺，渾身不舒服。」

她的朋友急忙請櫃臺人員幫忙叫救護車。這次櫃臺人員看了一眼病人的情況，立刻就懂了，立刻撥了電話。爸爸見幫不上忙，就帶全家人搭電梯先上樓放行李。

他們下樓時，救護車已經到了。醫護人員幫那位太太量了血壓，嚇了一跳，竟然只有 60/37 mmHg，正常人通常不會低於 100/60 mmHg。由於血壓計數不清她的脈搏，而出現錯誤訊息，醫護人員又用聽診器放在她的心臟部位聽了一次，還是搖搖頭，情況似乎很糟，他們立刻把她抬上救護車送走，她的閨蜜也跟著上了救護車。

陳家人只能默默祝福那位太太能迅速康復，接下來他們走到飯店對面的租車公司，租了一輛車，便駛向他們在沖繩旅遊的第一站——國際通，因為他們還沒吃午餐哪！

雖然從來沒來過那霸，但是當路口出現兩隻石獅子時，車上每個人都大叫一聲：「到了。」

爸爸把車子駛進旁邊另一條人潮較少的道路後，找到路邊停車格就停了。因為實在太餓了，他們走到路口第一家餐廳，就進去了。

那是一家很有傳統特色的小餐館，地上鋪了許多碎石頭，座位是塌塌米式的，廁所的門還用茅草布置，總之，十分有特色，明安立刻拍照上傳到社群網站。

菜單上的菜大多是麵飯類，和臺灣沒有太大差別。等待上菜的時間，大家不免談起生病的那位太太。

爸爸說：「剛才在櫃臺前，我無意間瞄到她們兩位的護照，那位生病的太太姓周，她的朋友姓邱。」

媽媽說：「脈搏數測量不出來，不知是太快，還是太慢？真令人擔心。」

明雪問：「血壓和心跳都不正常，會不會是心臟病啊？」

爸爸聳聳肩：「我們都不是醫學專業，亂猜也沒用，我相信沖繩這邊的醫生會給她妥善的治療。」

吃完午餐時已經三點多，把國際通馬路兩邊的商店逛一趟，竟然已經天黑了。

◎ ◎ ◎ ◎ ◎

回到飯店時，櫃臺已經換成另一位會說英文的女職員，她指著一樓附設餐廳說：「警察在等你們。」

陳家人不禁面面相覷：「我們剛到沖繩半天，怎麼會有警察要找我們？剛才開車有違反交通規則嗎？」

他們隨著女職員走進餐廳，看到兩名穿著藍色制服的男子正在和邱小姐談話。女職員用日文向他們說明陳家人的身分後，其中一名警察立刻起立，用中文向他們說明：「因為與你們同機的周女士被醫生診斷出是烏頭鹼中毒，所以我們希望同機旅客能夠提供線索，我們必須查出她是在何時吃到毒藥的。」

「中毒？」陳家人震驚之餘，把眼光移向邱小姐。

邱小姐嘆了一口氣：「是啊！我也百思不解。沖繩的醫生為我朋友周德雅做了心電圖、驗血和驗尿，然後就很緊張的趕緊為她洗胃。可是你們和我們搭同一班飛機，你們可以作證，從上飛機以後，連水都沒喝，哪來的機會吃到毒藥呢？」

爸爸媽媽向警方證實了邱小姐的說法，周德雅確實從登機以後就沒有再進食過。

兩名警察點點頭：「我們調閱了機場、接駁車和飯店大廳的錄影畫面，周小姐確實自從入境以後就沒有進食，所以犯罪事實不是在日本境內發生的，我們將不再調查本案，只把搜集到的資料送交臺灣警方參考。」說完，警察請他們在證詞上簽名就離去了。

媽媽關心的問邱小姐：「周小姐中毒的情況嚴重嗎？」

「滿嚴重的，」邱小姐憂心忡忡的說：「醫生說烏頭鹼中毒的人死亡率很高，就算能救回來，也要住院很久才能恢復。」

明雪插嘴問：「請問你通知她的先生了沒？」

「通知了，他也很著急，拜託我留在醫院照顧德雅，他會想辦法趕過來。」

由於午餐很晚才吃，全家人一直到晚上七點多才覺得餓，爸爸帶著明安到附近找食物，明雪則一直留在房間裡滑手機，媽媽忍不住提醒她：「你不要以為有了分享器，上網不用錢，就拼命滑手機，要注意自己的眼睛。」

明雪說：「我不是在玩遊戲，我在辦案。」

「辦什麼案？」

明雪正要解釋，爸爸和明安已經提著大包小包的食物回來了，一攤開來，有羊肉、苦瓜和海葡萄……等。

全家人一邊享用晚餐，明安一邊問：「爸，烏頭鹼的毒性怎麼那麼強？周阿姨怎麼會吃到那麼可怕的毒藥？」

爸爸說：「烏頭是一類植物的通稱，屬於毛茛科烏頭屬。它們的根可以當成中藥，稱為川烏或草烏。」

媽媽嚇得吐舌頭：「這麼可怕的毒藥還有人拿來當藥吃？」

爸爸說：「藥和毒只有一線之隔，只要劑量不超過，它就是藥，劑量超過了，它就是毒。在中藥裡，烏頭的根可以鎮痛、降血糖、抗發炎以及治療神經方面的疾病。」

明雪露出神祕的笑容：「所以中醫師要取得烏頭是輕而易舉，而且名正言順的事囉？」

「當然……」爸爸點點頭，但隨即感到明雪的話中有話：「你是在暗示……」

「我剛才用通訊軟體向鑑識組的張倩阿姨請教烏頭鹼作用機制，她說烏頭鹼會影響心肌、神經和肌肉等組織細胞的鈉離子通道，因此中毒者可能出現心律不整、四肢麻木、血壓低和引發迴腸強力收縮，患者將同時出現心臟、神經和胃腸方面的症狀。張阿姨也提到烏頭是中藥的一種，我立刻聯想起周阿姨的先生是醫生，於是我轉而請李雄叔叔幫忙調查周阿姨的先生是哪一科的醫生。」

這時候明雪的手機傳來聲響，她拿起來一看：「李雄叔叔查出來了，周阿姨的先生姓施。哈！果然是中醫。」

爸爸說：「身為中醫又沒有錯，不能說是中醫就誣賴他下毒啊！」

明雪說：「周阿姨上了飛機之後就沒有飲食，我們都看到她最後一次進食是在機場，由施醫師遞給她藥飲，那杯藥飲鐵定有問題，可能是烏頭熬煮的。施醫師實在很狡滑，他身為中醫師，一定清楚藥的劑量要如何拿捏，才能讓周阿姨在入境外國後一段時間，毒性才發作，這樣誰也沒想到凶手竟然遠在數百公里之外。」

媽媽搖搖頭，不以為然的說：「沒有證據不能亂說。我看他們夫妻倆在機場互動的情形很恩愛，他不會是凶手。」

這時候明安的手機也響了，私家偵探魏柏用 LINE 打來的。因為魏柏是全家人都熟識的朋友，所以明安就按下擴音功能。

魏柏說：「明安，我看到你在社群網站上貼的照片了，你們現在人在沖繩

烏頭是一類植物的通稱，屬於毛茛科烏頭屬。
它們的根可以當成中藥，稱為川烏或草烏。
這麼可怕的毒藥還有人拿來當要吃？
藥跟毒只有一線之隔，只要劑量不超過，它就是藥，
劑量超過了，它就是毒。
在中藥裡，烏頭的根可以鎮痛、降血糖、抗發炎以及治療神經方面的疾病。
所以中醫師要取得烏頭是輕而易舉，而且名正言順的事情囉……

嗎？」

媽媽瞪了明安一眼，她最不喜歡人家在社群網站上貼出她的照片，她認為這樣會洩露她的行蹤。

明安不以為意，興高采烈的回答：「是啊！」

「我要麻煩你幫我在當地買一張明信片寄給我，因為我有收集世界各地明信片的習慣。」

「沒問題，我們明天要到水族館去，到那裡再買有海景的明信片寄給你。」明安說完就要掛電話。

「等等，我有話要跟他說。」明雪接過明安的手機，關掉擴音功能，走到房間外去講電話。

兩分鐘後，明雪走進房裡，把手機還給明安。

「什麼事那麼神祕？」媽媽問。

「對不起，現在還不能說，偵查不公開。」明雪故作神祕的說。其他人知道她仍然認定施醫師涉案，想追查到底，對她的固執，只能搖搖頭，一笑置之。

⊚ ⊚ ⊚ ⊚ ⊚

四天三夜的旅程真的很快，最後一天早上他們在飯店辦理退房時，還遇到邱小姐，確認周小姐已經脫離險境，總算放了心。

邱小姐欣慰的說：「她先生今天晚上就要飛來沖繩接手照顧她，我也必須回臺灣上班了。」她這幾天白天幾乎都在醫院陪周小姐，偶爾才回飯店睡覺和梳洗，實在很辛苦。

當天傍晚，陳家人已經返回桃園國際機場。爸爸拿分享器到原租借櫃臺歸還時，姊弟倆又站在一旁東張西望。明安眼光銳利，立刻在熙來攘往的旅客中發現一個似曾相似的身影。

「那不是施醫師嗎？」他還是盛裝打扮，褐色西裝搭配領結，只是這次拖了一個大行李。

媽媽說：「果然要趕到沖繩照顧太太，我一直認為他不會是殺人凶手。明雪，你誤會好人了。」

明雪還沒有回話，就看見施醫師被兩個人攔住了去路。啊！是刑警李雄和林警官，他們和施醫師說了幾句話，就把他帶走了。

「怎麼回事？為什麼李雄把人抓走了？」媽媽困惑問爸爸。

爸爸搖搖頭，他也不知道，因為距離有點遠，他還沒和李雄打招呼呢！

「因為明雪把她的懷疑告訴李雄，李雄在他家院子裡發現種了不少烏頭。」回答問題的人是魏柏，他也來到機場了。

爸爸說：「一名中醫師種植可以作為藥材的烏頭有什麼不對呢？」

魏柏笑著說：「伯父，你聽我講完。種植烏頭當然沒有不對，所以李雄當時並沒有採取什麼行動。明雪和我通電話時，拜託我從保險金下手調查。因為我受許多保險公司委託，專門調查詐領保險金的事，所以我把施醫師所有投保的資料調出來看，不得了，他投入保險的錢可真不少，光是這次旅行平安險就保了一千萬。」

媽媽說：「這也沒什麼！我們每個人也都保了六百萬，醫生收入高，多投保一點金額，也不算什麼。」

「對！但是我調查發現施醫師本來就幫太太買了壽險，這次要不是治療得宜，救回周小姐的命，保險公司就必須賠給施醫師好幾千萬的保險金。而且周小姐是施醫師的第三任太太，他的前兩任太太都是心臟病死亡，也都領了鉅額保險金，有這麼巧嗎？所以我立刻通知李雄逮人。」

這下輪到爸媽目瞪口呆。

明雪補充說明：「烏頭鹼中毒會造成心律不整，很容易和心臟病混為一談，施醫師就是懂得這點，所以謀殺前兩任太太，領取保險金。」

「可是他本來要去沖繩照顧太太的呀！」

魏柏笑著說：「你以為他要去沖繩照顧中毒的太太？不，我們調查發現，他買的是飛往澳門的機票，他警覺到我們對他展開全面調查，急著要逃亡了。」

「周小姐好可憐，現在她先生被捕，誰要去照顧她？」

「我呀！」魏柏揚揚手上的護照：「因為她還投保了海外急難救助險，我現在要飛去沖繩，安排她回臺灣靜養。」

魏柏走了之後，明安對姊姊豎起大拇指：「姊，你好酷！人在海外旅遊，還可以協助辦案。」

科學破案知識庫

烏頭鹼是烏頭屬植物產生的有毒植物鹼，是一種惡名昭彰的毒素。在中藥裡可作為止痛劑，但是極為危險，只要服用過量，就有中毒甚至死亡的危險。它的毒性表現在三方面：

- 神經：臉部和四肢麻痺。
- 心臟：低血壓、心悸或心律不整和胸痛。
- 胃腸：噁心、嘔吐和腹部疼痛。

治療方法大多由調整心律不整著手，或以洗胃方式，洗掉毒素，靜待病人自行恢復健康。

案件15

聽音辨位探生機

今天是清明節連續假期前最後一天上課，同學們有點焦躁不安。

這一堂是歷史課，歷史老師正在講解英國內戰：「在十七世紀時，英國國王查理一世與國會發生政爭，引發了兩次內戰。查理一世在兩次戰爭中均落敗，國會派的領袖克倫威爾決定要處死國王。於是在一六四九年一月三十日，查理一世以『叛國者』的罪名被公開斬首。這件事澈底瓦解了英國的王權，對後來的民主發展有深遠的影響。」

「哇！處死國王？」同學們都驚訝不已，即使到了二十一世紀，英國王室已經沒有實權，但是皇家人員的地位與尊榮仍然受到尊重。想不到在三百多年前，就有人把國王處死，這在當時必定更加震撼人心。

老師見到同學們非常有興趣的議論紛紛，就把行刑的經過描述了一番：「沒錯，當時審判委員會本來找倫敦最有經驗的劊子手布蘭登負責行刑，並願意支付他兩百英鎊的酬勞。但是他拒絕了，至少在表面上拒絕了。」

「為什麼？怕被報復嗎？」奇錚問。

老師也不回答，繼續說下去：「查理一世的死刑在國宴廳大門前的行刑臺上執行，當天的劊子手和助手都戴了假髮、假鬍子和面罩，有很多民眾也到現場觀看，必須派出大批士兵才能把國王和圍觀的人群分開。國王臨終前聲稱他沒有叛國，他是受陷害的……可是因為民眾被隔離在比較遠的地方，所以他說的話只有行刑臺上的人聽到。然後國王就把頭放在刑臺上，並伸手打了信號，劊子手立刻動手，讓他人頭落地，給他一個乾淨俐落的死法。依照慣例，劊子手在行刑之後，應該要展示砍下的頭顱，並且向群眾說『看哪！這就是叛國者的頭』，當天的劊子手雖然有展示頭顱，但是一句話也沒說。」

明雪知道為什麼劊子手不說話：「怕被人認出他的聲音吧。」

「事後有沒有人追究劊子手的責任？」雅薇對八卦的興趣似乎大過歷史。

老師笑著說：「當然有啦！十一年後，也就是一六六〇年，查理一世的兒子查理二世復辟，因為克倫威爾已經死了，所以組成委員會調查劊子手的身分。布蘭登當然是頭號嫌犯，但是他也已經死了，而且直到死之前他都不承認自己是為國王行刑的劊子手。委員會就調查了幾名國會派的軍人，包括休利特等人。因為有一名當時在場的目擊證人吉騰斯說，他聽到蒙面的劊子手在行刑前對國王說：『原諒我』，他認出那是休利特的聲音。雖然休利特極力否認，仍然被判了死刑，不過最後並沒有執行，而遭到釋放。」

「到底行刑的劊子手是誰？」同學們好像在聽偵探故事一樣，很想知道凶手是誰？

老師說：「不知道呀！法國那邊甚至傳說是克倫威爾親自行刑的。不過到了一八一三年，在溫莎堡為查理一世開棺驗屍，證明行刑的是非常有經驗的劊子手。」

下課後同學們仍然議論紛紛：「休利特好衰喔！人不是他殺的，還被判死刑。那個目擊證人是故意栽贓，還是真的聽錯？」

明雪不禁想，當年沒有科學證據，口說無憑，要陷害一個人還滿容易的。三百多年後的今天，對聲音的辨認是不是有科學的方法呢？她想在放學後去找張倩阿姨問問看。

放學後，她打電話告訴媽媽會晚一點回家，然後就走到警局去。當她走進鑑識科時，張倩正在電腦上比對兩組複雜的圖案。

她看到明雪有點驚訝：「怎麼有空到這裡來？」

「因為明天起有四天連續假期，不必急著回家寫功課，特地來向阿姨請教一個問題。」明雪把今天歷史課老師講述的內容大概描述了一下。

「古時候沒有錄音機，口說無憑，的確很容易栽贓，」張倩指著眼前電腦螢幕上的圖形：「現在有了錄音機，有了電腦，一切就要講證據，你看，我正在做波形比對呢！」

「喔！這是什麼案子？」

「昨天本局接到一通匿名電話，聲稱已在轄區內的火車站安放炸彈，將在一小時後爆炸。雖然明知可能性很小，但是警方仍然不敢掉以輕心，立即派員前往封鎖火車站，進行詳細搜查，但是並沒有找到任何爆裂物。在搜查過程中，李雄組長發現有一名男子一直站在封鎖線外觀察，並不時露出詭異的笑容，就上前盤查，發現他的聲音和報案者非常相似，就把他帶回警局。查核他的身分，知道他姓趙。因為他堅持不承認打那通匿名電話，所以組長請他唸完一段文字，並予以錄音後，就放他走了。現在，我就是在比對匿名電話和趙先生的聲紋。」

「聲紋？」明雪沒聽過這個名詞。

「喔！就是聲音的圖譜啦！因為聲音聽得到，看不到，所以用電腦把聲音轉換成圖形，讓眼睛能看見和比對。因為每個人的聲音都有獨特的圖譜，就和人的指紋一樣可以用於辨識身分，所以稱為聲紋。」

明雪盯著螢幕上高低起伏並摻雜各種顏色的圖形看了半天，實在看不懂，只好問：「比對結果如何？」

「符合，是同一人的聲音，趙先生賴不掉了。」張倩自信滿滿的說。

這時候李雄匆匆忙忙跑進來，戴著橡皮手套的手裡拿著一個信封。

「穎裕公司剛剛收到這個信封，裡面有片光碟，證實公司負責人已經遭到綁架，歹徒限期三天，要穎裕公司的會計籌措贖金，否則將要撕票。現在完全不知誰是綁匪？肉票被關在哪裡？我不知道從何查起，請你們分析看看，能不能給我一點線索。」

張倩急忙戴上手套，從信封中抽出光碟，放進電腦裡播放。

螢幕上立刻出現一個男人坐在椅子上的畫面，椅子後面是一片白牆，牆壁上掛著一個時鐘。

男人大約四十歲，面孔很英俊，但是眼角瘀青，似乎遭到毆打。他身上穿著襯衫，不過領帶已經扯歪了。男人雙手上拿著一份攤開的報紙，頭版頭條公布臺灣昨天新增新冠肺炎的確診人數。

李雄指著畫面中的男人說：「這就是穎裕公司的負責人柯穎裕，他昨天外出就沒有回家，今天下午公司的信箱裡就出現這個信封。歹徒讓他手拿今天的報紙，就是證明他今天早上還活著，而且人在他們手中。」

螢幕上柯穎裕表情痛苦的對著鏡頭說：「我是老闆，趕快從公司帳戶裡提領一千萬元交給他們，他們才肯放人。」

接著一個罩著黑色頭套的人走進鏡頭，對著鏡頭說：「你們已經看到了，你們老闆現在在我手上。」

歹徒指著牆上的時鐘說：「我給你們七十二小時籌錢，三天後——也就是星期六——的中午十二點，我會通知你們交款的方法，不准報警，否則你們老闆就回不去了。」牆上的時鐘指著十一點五十五分。

兩人在說話的過程中有一些嘈雜的噪音出現，影片在歹徒說完話時結束，全

沙
確診人數 1623人
我是老闆，
趕快從公司帳戶裡提
領一千萬元交給他
們，他們才肯放人。

長不到一分鐘。

張倩把光碟上的影片複製到她的電腦後，抽出光碟，連同信封交給鑑識科的其他同事：「分析一下信封和光碟上有沒有歹徒留下的指紋。」

李雄著急的問：「你有看出什麼線索嗎？」

張倩說：「歹徒的聲音聽起來是男人，聽口音可能是南部人。」

李雄皺著眉頭：「嗯，我同意。」

張倩兩手一攤：「沒了，目前只能聽出這些。」

李雄著急的說：「南部的男人？範圍太大了吧！這等於大海撈針，毫無線索呀！你不能由歹徒的聲紋進行分析嗎？」

「我當然會對歹徒的聲音進行分析。但是聲紋與指紋不同，現在我們又沒有針對聲紋建檔，我沒有對象可以比對呀！這才叫大海撈針哪！」張倩說：「你不妨針對穎裕公司的員工和來往客戶先查，也可以錄下每個人的聲音，帶回來讓我比對。」

李雄想想，覺得張倩說得有道理，就率領員警出外調查了。

明雪看時間不早，就告辭回家吃晚餐。不過，她心中依然掛念著這件事，苦思著破案的方法，但是卻毫無頭緒。

連續假期很長，星期五當天上午，看天氣放晴，全家人決定到戶外走走。

「我們到圓山的花博公園好了，那裡的用餐區是半開放空間，空氣流通。飯後到園區散步賞花，園區那麼遼闊，人和人的距離拉得很遠，沒有互相感染的疑慮。」媽媽綜合考慮出遊和防疫的需求，做出兩全其美的決定。

這天他們度過了非常愉快的下午，由花博公園出發，可以逛到以前兒童樂園的「昨日世界」園區。期間兩三次飛機飛過頭頂，帶來很大的噪音。

明雪不解的問：「圓山沒有機場啊！為什麼有那麼多低飛的飛機？」

爸爸笑著說：「因為松山機場就在圓山的東方大約四公里處，要降落在松山機場的飛機，經過此地一定要降低高度。我小時候跟我爸爸到圓山拜訪一位阿伯，就被此地震耳欲聾的飛機聲嚇到。」

老天爺幫忙，在下午三點多，他們逛完園區準備回家時，才開始落下滴滴答答的小雨。

◎ ◎ ◎ ◎ ◎

星期六上午，眼看歹徒設定的交錢期限快到了，明雪知道現在警方一定正在忙，不敢貿然打擾，她在警局外打了張倩手機，詢問可否進入辦公室。

張倩說：「我們在信封和光碟上只找到收信員工的指紋，其他什麼都找不到。李組長經過查訪，對案情有點頭緒了，可是仍然無法縮小範圍，你進來也好，看看能不能提供一些意見。」

明雪進到辦公室，發現專案小組所有人員都戴著口罩，正在討論案情。

李雄向她說明：「我們訪查穎裕的員工和來往廠商，的確有幾位離職員工曾經和老闆發生過衝突，也有幾家廠商和穎裕公司有過金錢糾紛。經過追查，有些人已經排除嫌疑，有些人到現在還追查不到，嫌犯可能就是這些人其中之一。但就是不知他們藏身在哪裡，更不知道肉票被囚禁的地點。眼看快到中午時刻，不知該怎麼辦，似乎只能由穎裕公司先準備款項，等歹徒取款時再想辦法逮人。」

明雪說：「可以讓我再看一次勒贖的影片嗎？」

張倩點點頭，找出電腦裡的檔案準備播放。

「等一下。」明雪有備而來，取出耳機，把插頭接在電腦的耳機孔上。

接著開始播放影片，有了耳機，她可以把背景裡的雜音聽得更清楚。她把關鍵的片斷反覆播放了好幾遍，終於面露微笑拿下耳機。

「我聽清楚了，背景噪音是飛機的聲音。只要查清楚四月一日上午十一點五十五分起降的班機由哪個方向離開或接近機場，就能知道囚禁肉票的地點在那一區。」明雪說：「此外，我還聽到學校的鐘聲，有些學校在假日沒有關掉鐘聲，所以鐘聲依然照上課日作息準時響起。所以囚禁肉票的地點可以進一步鎖定在機場附近的學校旁邊。」

李雄立刻指示手下著手調查當天機場起降的班表。

張倩質疑的說：「學校怎麼會在十一點五十五分下課？一般都是中午十二點整下課吃午餐，不是嗎？所以我懷疑影片中牆上那個鐘的時間不準，也有可能是歹徒故意誤導我們的。」

「阿姨，現在上課時間和你以前讀書時每堂課五十分鐘不同了。現在的國中每堂課只有四十五分，小學每堂四十分。所以現在的學校十一點五十五分下課，或下午三點五十五分放學的比比皆是。歹徒讓肉票拿報紙，就是在宣告彼時彼刻肉票還活著，我想，他不至於在時鐘上動手腳。反正這也是我們僅有的線索，值得一試。」

這時候李雄的副手林警官已經查出眉目了：「組長，四月一日當天上午十一點五十五分確實有一班國內線飛機降落，我由它接近機場的路線搜查各校作息時間，果然有一所國中的下課時間是十一點五十五分。」

李雄興奮的揮手：「走，到那所國中附近搜查。」一群警員急急忙忙跟著出任務。

不久之後，李雄果然傳來好消息：「我們到了附近，正好看到一名男子走向公共電話。因為這年頭使用公共電話的人很少，引起我的注意，立刻上前盤查，結果發現正是我們找不到的廠商之一。那個人一慌，轉身逃跑，被我們逮住後，老實招供。原來他正要打電話指示交款方式，柯先生就被囚禁在附近一間公寓裡，我們已經把人救出來了。」

張倩很高興：「把人帶回來，我要為他錄音，並比對聲紋，這樣才能證實影片中戴面罩的歹徒是不是他，如果不是，就表示另有共犯。」

科學破案知識庫

人類的發聲系統很複雜，必須由許多器官（如肺、聲帶和聲道）精密合作才能說話。各個不同領域的研究人員以不同的角度研究人類的發聲，使我們對這個複雜的過程，逐漸有了瞭解。簡單說，聲帶發出聲音，然後經過聲道和嘴巴修飾後，才成為我們說出口的聲音。因為每個人的聲帶、喉嚨和嘴部的構造都不相同，所以發出的聲音各有特色，可以成為鑑識的證據之一。

把聲音轉成圖譜的技術在很多領域都有應用價值。例如語言學用它研究發音，動物學用來研究動物的溝通。

國家圖書館出版品預行編目資料

科學破案少女. 2, 犯罪跡證在哪裡？／陳偉民著.
-- 初版. -- 臺北市：幼獅文化事業股份有限公司, 2023.05
面； 公分. -- (科普館；16)
ISBN 978-986-449-283-1(平裝)

1.CST: 科學 2.CST: 通俗作品

308.9 112000338

・科普館016・
科學破案少女2 犯罪跡證在哪裡？

作　　者＝陳偉民
繪　　者＝LONLON
出 版 者＝幼獅文化事業股份有限公司
發 行 人＝葛永光
總 經 理＝王華金
總 編 輯＝林碧琪
主　　編＝沈怡汝
編　　輯＝白宜平
美術編輯＝李祥銘
總 公 司＝10045臺北市重慶南路1段66-1號3樓
電　　話＝(02)2311-2832
傳　　真＝(02)2311-5368
郵政劃撥＝00033368

印　刷＝崇寶彩藝印刷股份有限公司
定　價＝320元
港　幣＝106元
初　版＝2023.05
書　號＝936059

幼獅樂讀網
http://www.youth.com.tw
幼獅購物網
http://shopping.youth.com.tw
e-mail:customer@youth.com.tw

行政院新聞局核准登記證局版臺業字第0143號